人文商管

老子思想於企業高階經理人領導與管理實務應用之個案研究

曾國強　著

自序

自從二○一五年於中興管院攻讀碩士期間與《老子》巧遇，在此緣分之後有這個機會將自修研讀經典興趣與公司經營實務上發現的一些問題結合，考取中興中文所，將這兩者合為論文探討方向進行研究。

感謝中文系系主任，也是我的論文指導老師黃東陽教授，在古文獻探究及論文重點呈現主軸上給了我清楚方向指導。這次回來中文所進修，在教授有方法指導及督促下，踏踏實實投入論文內容思考及撰寫，補足了一個長期以理工大腦思考的我所缺之區塊。另外，包括先修的近兩年多時間，有關中國哲學議題課程是我很感興趣的。林文彬及蕭振聲兩位老師在中國思想相關課程上，建立及擴大了我的思維及思考格局深度。而更重要的是，在日日往復循環的人生經歷及企業經營，和我一起在舞臺上扮演不同角色的家人、事業夥伴、各領域朋友們。因為我們一起演出才有了這論文真實材料來源的基礎。另外，也謝謝兩位論文口試委員，非常榮幸，感謝教授們回饋許多寶貴的建議與觀點，使本論文更臻完善。

我以「啟承、履行」《易經》中，蘊含乾、坤二卦的起承轉合精要及履卦中的躬省實踐作為人生「知天命」年開始的總和與反省。深切自許，身為一位企業領導者，要做一個有價值的人。不自私、以身作則扮演好自己角色，著眼公眾利益與眾生分享付諸行動，這也是我對「領導者」角色最欣賞的詮釋及注腳。很清楚，它不會僅是「低著頭努力工作，維持一個生活、而是更要抬起頭仰望及實踐目標，這才是生命意義。」在一個研究所學習告一段落之際，突如其來的意外讓我必須更珍惜，我並不悲觀消極，更是知道要善用有限生命，好好享受這一趟人生旅程。這一路給予曾國強指教並同伴前行的每一位，我都由衷感激，祝福您平安順遂。

曾國強

目次

自序 …… 1

第一章　緒論 …… 1

第一節　研究背景與動機 …… 3
一　研究背景 …… 3
二　研究動機 …… 4
第二節　文獻回顧 …… 5
一　老子思想之現代應用 …… 6
二　領導管理之今時探討 …… 10
第三節　研究方法 …… 14
一　文獻史學分析 …… 15
二　議題歸納分析 …… 18
三　企業個案分析 …… 22

第二章　西漢初延伸老子學說內涵與現代企業經營交融 …… 25

第一節　老子思想之形成和先秦之政治新詮 …… 26
一　《老子》闡述：「政治應用」之思維 …… 28
二　合流黃帝治術：「黃老之學」之新詮 …… 37
第二節　漢初黃老之治所展現老子之新詮釋 …… 43

一　引申統御心法：「黃老之學」治理觀念及原則 … 45
二　轉化治國方略：「黃老治術」執行方法及效果 … 48
第三節　本研究個案公司歷史及業務之簡介 …… 51
一　創立背景與產業位置 …… 51
二　服務內涵與核心能耐 …… 53
三　組織架構與發展歷程 …… 58

第三章　形而上：領導統御觀念對《老子》思想的詮釋 …… 69

第一節　核心標值：形塑領導力內化價值 …… 69
一　領導力三要件 …… 70
二　領導者核心價值 …… 86
第二節　經營成果：對於功過概括並承受 …… 98
第三節　守信重諾：確實成就委託之任務 …… 105

第四章　形而下：經營管理策略對《老子》思維之應用 …… 113

第一節　跟隨典範：習法居於柔卑之管理策略 …… 113
一　無有相生：以柔濟剛的關鍵策略 …… 116
二　尊客為上：居於低處的高服務力 …… 121
三　勿與敵爭：低調潛行的經營風格 …… 123
四　戮力以赴：精益求新的創新思維 …… 125
五　共榮共好：包容並蓄的策略聯盟 …… 128
第二節　形構組織：因循時勢建構行動力團隊 …… 130
一　組織架構：「循序而進」的執行團隊 …… 132
二　組織管理：「因循為用」的治理法則 …… 136

三　組織能耐：「逆向思考」的創新本領 …………… 141
四　組織目標：「按部就班」的躬行實踐 …………… 151
第三節　穩定成長：獲取內部人心以成就目標 …………… 154
一　達標為目的：訂定以員工為核心之激勵策略 … 154
二　成長之進路：擬訂不爭為贏之業務擴展策略 … 164

第五章　結論 …………… 171

一　「領導力，有與無生生不息」：領導者藏蘊於內之心法 ‥ 171
二　「組織力，有與無相輔相成」：領導者落實策略之核心 ‥ 173

引徵書目 …………… 177

第一章
緒論

《老子》一書出現年代與今日社會距離已有二千五百餘年，然而其思想至今仍被廣泛運用於各界，並且持續流傳及應用，可謂貫通古今之學。在《老子》中所提，無論古往今來，歷經各朝各代、時空背景的轉移，有許多事物仍與過去的歷史遙相呼應並且可以給予現代參考。《老子》云：

> 執古之道，以御今之有，能知古始，是謂道紀。[1]

這一句話就表面上來看，正提醒世人若能掌握住從古之時就有的「道」，並運用於現今發生的問題上，便可以推知一切事物本質，這是「道」在於先秦時期眾多之詮釋意涵，也就是說，在這段淺層意背後涵蓋的，既是描述「鑑往知來」的概念。由於在歷史中，人類因「生存」不斷衍生出對於欲望追求的問題而產生困境；先秦時代，諸子百家皆在找尋一種不變的準則和標準，多命名為「道」，以適應生存。老子認為掌握「道」就是通達了事物運行的規律，就能解決面臨的各種難題。然而這並非一件輕而易舉之事，因為「道」無法單純透過字義理解而有所領悟，是看不見也摸不到的；也因此使得「執古之『道』，以御今之『有』」變得極為重要，人們必須將前人的經歷透過

1　〔春秋〕老子，〔晉〕王弼注，樓宇烈校釋：《老子王弼注校釋》（臺北：華正書局，1983年），頁32。

實踐轉而作為今時應用的借鑑，方可避免重蹈覆轍過往的錯誤。」《老子》再以述之：

> 吾言甚易知，甚易行。天下莫能知，莫能行。[2]

其深層意思係呼應「執古之道，以御今之有」的內容，更加強在《老子》中所敘述上古之前的時代直至春秋前的歷史，早已有許多史料可以作為後世的借鑑，進而使統治者能有所參考；在此僅是透過《老子》的再次提示而使人們有依循的道路可行，背後的深意仍是希望人人都可以「執古御今」。然而其所處春秋時代，各國諸侯仍然因為權力私欲導致戰爭不斷、生靈塗炭，而致使天下紛亂；是以這段話不只提醒古代統治者，也可引申為現代的國家領導者必須時刻警惕的。也如同現今的企業發展，無論是國內的企業競爭，還是拓展到國際間不同國家及產業的競逐；從這些因素都可見因為歷史背景的糾結而產生之「生存」競爭，一再將歷史重演。而對此，陳鼓應說：

> 老子整個哲學系統的發展，可以說是由宇宙論伸展到人生論，再由人生論延伸到政治論。[3]

這也可以看出《老子》中所言觀察到，以「人」為中心的思維，乃至運作國家政治的權柄，無論古今，放諸四海都可被人們延伸為領導者應該加以參考的道理。再從企業經理人的角度來看，可將《老子》視為探討「領導及管理」的思維建立與行動哲學的途徑，其描述的古代君王之國家治理可說是與現今企業領導者在企業經營過程的領導統御

---

2 〔春秋〕老子，〔晉〕王弼注，樓宇烈校釋：《老子王弼注校釋》，頁176。

3 陳鼓應：《老莊新論》（臺北：五南圖書出版公司，1993年），頁3。

觀念不謀而合，提供企業經營作為依循的方向。又如同曾仕強對於管理與哲學之間的關係詮釋指出：

> 從現代經營管理的理論和理論的執行，都是由經營哲學而獲得正確的方針，經營管理的全部歷程都和哲學有關，任何機構或企業領導者具有何種哲學思想，便會產生相關的管理理論與管理制度。我們如果要了解此一機構或團體的管理原則，則必須試探經營管理者的管理哲學。[4]

由上可知，即便是現代的企業經營，仍要加上良好的經營哲學，也深刻指出哲學所闡述的內容是領導者思維的產生；而管理則是在此思維下體現的技巧與方法。這也呼應了《老子》中認為領導者必須歷經思維的形成，並且必然先探究所欲形塑建構的想法之內在與體現於外之具體行為。

第一節　研究背景與動機

一　研究背景

中國歷史自東周平王東遷洛邑起，周宗室共主地位傾衰、政令漸廢、諸侯不共，天子有效控制權逐漸喪失，各地方大小諸侯國趁紛亂時局皆強勢崛起。百餘年施行封建制度的結果，有名無實，歷史開始進入一個巨大的裂變時代。近代學者梁啟超論述東周開始的政治局勢及背景環境提及：

4　曾仕強：《中國管理哲學》（臺北：東大出版社，2004年），頁28。

> 東周起，諸大國盛行兼併，不惟夏商以來之部落不能圖存，既周初所建屏藩，亦鮮克保。於是封建之局破，各國以聯盟的形式互相維繫，而強有力之二三國為之盟主，形成霸政者。霸政之下，各國以會盟征伐等關係，交通盛開，文化溢以益濬。[5]

這闡述深刻說明了東周開始的政治社會局勢，因各諸侯在權力上的私心欲念，不斷發動征伐交戰，因而天下大亂，生靈無一寧日；然，時空流轉、似曾相識。觀照今時全球大國角力詭譎情勢下的商業局勢，國與國之產業競逐、不可計數的企業，企業與企業之相互競爭，激烈劇情相似於東周起之歷史，又再複製。這些一再重製之歷史，其中因應「生存」需要，各領導者採行之統御及管理之術，皆不盡然相同。而這些歷史透過典籍記載流傳，也正好給予今時企業經營者值得學習與借鏡，並且試圖找到可以轉化應用的可能性。

二　研究動機

本論文研究者目前從事半導體上游設備服務業，在此領域有二十六年時間，企業經營亦有近十八年之久。經過創業至今的這段歷程，由研究者的思維開始形塑企業組織，達成許多階段性的目標；同時深深領悟企業經營的良窳與領導者個人思維、領導力、組織力息息相關。而在七年前，警覺到面對複雜世界局勢、商業環境劇烈的改變，單以當下經營管理之法已不能處理公司經營上的問題，促使研究者回到了中興大學管理學院，繼續學習管理上的策略，並於二〇一七年取得中興大學管理學碩士學位。

5　梁啟超：《先秦政治思想史》（上海：商務印書館，1923年），頁19。

研究者於攻讀學位期間，因課程學習接觸到老子思想，也正因如此，才透過研讀領悟老子思想發現：從過去創業開始，很多經營管理上的想法和實踐方式，其實與中國古代哲學《老子》中內容脈絡上有適切的相關性，引發研究者對老子思想產生高度的興趣；更於深入研讀中，發覺老子思想對於企業經營之應用非常有助益。惟發現不足之處乃是目前所見結合老子思想與企業管理，所發表的跨領域著作不管是學位論文、期刊與管理相關為數並不多見，在此當中與領導管理相關的產出也多是以純學術探討論述為主，亦幾乎不見出於作者本身經營實務個案為主的相關期刊或學位論文討論。於此同時，本論文研究者在經營企業實務幾次錯誤後，反思多數人會將「領導」與「管理」中人的角色混淆、任務錯置，這往往被誤解之觀念更是以老子核心思想中「無為」與「無不為」有緊密契合之相適關係，兩者循環往復應用。因而啟發本論文研究者回到中興大學中文所就讀，將過去研讀的內容及經營上實務經驗轉換成研究，希望透過《老子》探究老子思想於古代統治者治國，和現今世界知名企業領導者、本論文研究個案公司於企業經營中領導與管理面向實踐體現之相適切度，故擬由《老子》思想於企業高階經理人「領導」與「管理」之實務應用為探針。藉由這個題目重新探討兩者的本質及體現、實踐的狀況，把企業經營者容易在「領導」與「管理」上的混淆重新做一次界定；並以老子思想為核心，檢視領導者的領導力及組織力，加以對照在與實務個案「領導」與「管理」之實踐進行討論，同時和西方管理學理論進行對照，期盼為相關企業經營者在經營實務中提供有根據的有效參考。

第二節　文獻回顧

老子思想於各領域之研究不計其數，就以老子思想融入「領導」

與「管理」之面向，近代多是以哲學理論及思想史範疇相關為研究主軸。在近年另有一新方向則是探討老子思想應用於企業經營管理決策之可能性。是以觀察上述兩個研究路徑，均疏乏了在實務上之應用佐證。而根據上節所述，本文之研究動機既是欲以研究者所經營企業為研究個案，以經營實務上確切案例，探討老子思想於「領導」與「管理」之關係與呈現，以不同路徑展開本文研究。因此研究者企圖先於本節中以兩個面向來探討老子思想於現代探討其思想轉化與企業經營相關之研究領域及未盡之處。首先，以整理前人於老子思想在現代各領域中有關管理相關之新詮釋及應用研究的期刊及學位論文，意在探討分析優點並亦在之後以實務案例補充未盡之處進行深入探討。再者，以歷史、管理、行為視角觀照「領導」與「管理」論述；論述管理之內容中，更對近年臺灣及西方最新企業管理相關領域之著書及世界知名典範企業實務應用進一步整理分析，了解最新「領導」與「管理」之研究討論。

一　老子思想之現代應用

在老子思想與「領導」與「管理」相關期刊論文研究中，整理出以下相關研究。廖書賢〈由道到術——西漢黃老政治之演變〉[6]、劉笑敢〈老子自然與無為——古典意涵與現代意義〉[7]、陳右勳〈老子道的管理觀〉[8]等。而另以馮滬祥〈老子管理哲學及其現代應用〉

6 廖書賢：〈由道到術——西漢黃老政治之演變〉，《育達科大學報》第44期（2017年4月），頁55-76。

7 劉笑敢：〈老子自然與無為——古典意涵與現代意義〉，《中國文哲研究集刊》第1期（1997年3月），頁25-58。

8 陳右勳：〈老子道的管理觀〉，《中華技術學院學報》第26期（2003年4月），頁286-306。

中，以老子哲學思維提及了對管理本質的看法。馮滬祥說：

> 從老子的哲學來看管理的本質。一言以蔽之，就是「無為而無不為」、如何看似清靜「無為」，卻能尊重萬物各自發展到「無不為」。正是管理的最勝義。也正是老子思想中的管理本質。[9]

而林安梧〈道家思想與現代管理——以老子《道德經》為核心省察〉中，更對道家式管理做出闡述。林安梧提及：

> 我以為所謂的「管理」應擺開一般硬性的「計畫」、「組織」、「控制」及「領導」而更深遠的理解我們文化傳統中那種「和諧」的奧秘力量，我以為道家思想中便充滿這樣的發展可能。[10]

另外在學位論文部分，首先引述蕭振聲《道家的行動哲學：以「因」概念為主之探究》[11]的博士論文，內容中對於「黃老」的詮釋，亦是

9　馮滬祥：〈老子管理哲學及其現代應用〉，《國立中央大學人文學報》第15期（1997年6月），頁124-125。

10　林安梧：〈道家思想與現代管理——以老子《道德經》為核心省察〉，《宗教哲學》第5卷第1期（1999年1月），頁98-99。

11　蕭振聲：《道家的行動哲學：以「因」概念為主之探究》（香港：香港科技大學人文社會科學學院人文學部博士論文，2012年6月），頁1-2。蕭振聲論述提及：「黃老」是一個內容很複雜的概念。它的複雜性可以從兩方面略加說明。首先是學派關係的複雜性。很多學者業已指出，黃老哲學作為戰國秦漢之間的主流思潮，和不同學派多少都能沾上一些關係。例如我們都會同意，法家和儒家在性格上是互相衝突的，但這兩派的學者竟然都和黃老有關韓非「其歸本於黃老」，就連孟子亦受稷下黃老學影響。甚至有學者認為荀子之學在本質上就是稷下黃老之學。漢初諸儒如賈誼、董仲舒輩號稱儒家，但仍然擦不掉黃老的影子。這種學派關係的複雜性，使得什麼是黃老哲學難以被精確界定。其次是思想傾向的複雜性。我們發現，在公認的黃老作中，實有著各種思想傾向。例如《管子》於《漢書》列道家，但內容龐雜，有講

本研究主要在第二章探討老子思想內涵，是由戰國初起至西漢初於治國上「領導」、「管理」的學說轉折與應用之定義及核心論述。而再整合於下，林超群《老子哲學思想在企業管理策略之應用》[12]博士論文、張景朗《老子的經營管理意涵研究》[13]碩士論文、羅烈鑾《老子思想如何應用於現代管理之研究》[14]碩士論文、黃群方《老子領導思維與企業變革管理》[15]碩士論文、張淑敏：《應用老子《道德經》於職

修身的，有講治國的，有講名的，有講天道的，有講精氣的，有講經濟的，似乎無法理出條主線。《黃帝四經》主要講治國，強調刑賞並用。但在建構政治哲學的同時，卻又探討虛無縹緲的道氣理論。稷下道家公認是黃老思潮，它的特色是積極用世，關注社會，為人主提供富國強兵的方略。然而漢初公認是黃老政治，其基本國策是無為放任，以清虛自守、卑弱自持為主要特色。前後如此不同的性格，俱被冠以「黃老」的名目。這種思想傾向的複雜性也是「黃老」最難以被理解的原因之一。基於篇幅所限，這裡無法對「黃老」做出精闢的闡釋，只能對它採取一個較寬鬆的釐定：所謂「黃老」或「黃老之學」，就是以老子思想為主，旁涉儒、墨、名、法、陰陽諸家思想，並有時假托黃帝而形的一個哲學思潮。之所以作這樣的釐定，出於幾個理由：(1)「黃老」是「黃帝」、「老子」的合稱，所必須提及兩者。(2) 說「有時假托黃帝」而不說「假托黃帝」，是由於有些公認的黃老著作並沒有假托黃帝的發言，如《管子》公認黃老，但「黃帝」未及一見。(3) 說黃老之學以老子思想為主而旁涉諸家思想，是要顧及司馬談有關道家「以虛無為本，以因循為用」和「因陰陽之大順，採儒墨之善，撮名法之要」的觀點。(4) 說黃老是一「哲學思潮」，是考慮到黃老學者所關心的都是一些普遍問題，如世界本源（形而上學）和治國原則（政治哲學）。因其尋求普遍性，故曰「哲學」；因其延綿數百年，故曰「思潮」。這個釐定未必完善，但對於本文有關黃老哲學的討論來說，基本上已經足夠。

12 林超群：《老子哲學思想在企業管理策略之應用》（臺北：玄奘大學中國語文學系博士論文，2013年6月）。

13 張景朗：《老子的經營管理意涵研究》（臺北：華梵大學哲學系碩士論文，2005年12月）。

14 羅烈鑾：《老子思想如何應用於現代管理之研究》（臺北：華梵大學東方人文思想研究所碩士論文，2008年11月）。

15 黃群方：《老子領導思維與企業變革管理》（臺北：華梵大學哲學系碩士論文，2003年5月）。

場倫理：以 C 公司為實證研究》[16]碩士論文等。這五篇學位論文內容中有以下幾個論述重點整理，給了研究者撰寫碩論方向的參考上有了一些想法及幫助。其一，林超群《老子哲學思想在企業管理策略之應用》中已經將老子的幾個核心思想「道」、「無為」、「柔弱」、「虛」、「靜」……等觀念做了深入分析。研究者可以按此觀念分類，再聯結現今西方管理學理論，接續論述其不足部分，以作為中西、古今之對照。其二，研究者在研讀《老子哲學思想在企業管理策略之應用》、《老子領導思維與企業變革管理》兩篇論文也發現，作者在引用老子思想後，並沒有明確再提出後人對其原文的解釋觀點，多數僅簡單帶到字義，並沒有引申後世注釋，在所提管理個案也僅是參考案例。這在其他已經為數不多的碩士論文或期刊中，包含上述的《老子的經營管理意涵研究》、《老子思想如何應用於現代管理之研究》也有發現此問題。因此本論文研究者認為可在作者引用原文解釋後，再引用後世對老子思想原文觀點註解來補強，另一特別同樣以個案《應用老子《道德經》於職場倫理：以 C 公司為實證研究》此篇也僅侷限職場上下倫理規範論述。而在本研究的第三、四章主要論述中亦採此方法進行論述。其三，過去所發表論文及期刊，多數為學術研究論述居多，因此在企業經營論述中，通常將「領導與管理」合為論述，然而在經營實務上並非如此。事實而言，在實務方面，「領導」、「管理」的本質大不相同，也有先後順序，最後再合而為一。因此研究者撰寫論文時有另一重要想法，將這兩個重要議題分開探討，並結合老子思想重新定義論述。再論述時，也將流傳千年的老子思想應用在企業經營領域同異之處加以整理說明，在本研究第三章先論述領導者「領導

16 張淑敏：《應用老子《道德經》於職場倫理：以 C 公司為實證研究》（桃園：開南大學觀光運輸學研究所碩士論文，2013年5月）。

力」、第四章再論領導者之「組織力」，並在原文敘述後分別引用幾個世界知名企業經營案例，來與老子思想佐證，強化論述力道，最後再以研究者公司個案加以分析論述。

二　領導管理之今時探討

「領導」與「管理」概念是早於老子思想的行為動詞，在現今廣泛被引申至各領域探討應用。本研究在此先以今人於歷史角度來詮釋「領導」、「管理」關係後，再彙整近年相關西方管理學領域探討這兩者議題之著書，或世界知名企業領導者之著作，最後再以本論文研究者對於「領導」、「管理」之定義闡述。以不同視角完備現代企業經營在「領導」、「管理」之探討。

從歷史學上的脈絡來看這兩者的產生，研究者採用歷史學者許倬雲之研究為論述基礎，以人類出現最早領導行為的史前時代至西周歷史背景流變，對於初始領導、管理概念起源演化做出定義。在中國這片大地上的新石器時代（約西元前50世紀前），人類為適應自然環境所面臨「生存」的方式產生了重大革命。由個人狩獵採集食物發展到分工生產食物，生產的石製也發展出各種專門用途的工具；更重要的是，新石器時代後期，農業出現，人類有了可靠的食物供應來源，衍生出必須長期居住在一個聚落的生存模式，這時期的人類開始出現了定居的觀念。同時人類的群居生活開始逐漸複雜，學習分工合作；而一旦地力耗竭，更懂得要遷徙移動。[17]為了滿足基本「生存」而產生之遷徙與分工的行為，需要聚落的某一個人或一群人擔任「領導者」的角色來領導人群，這樣的行為就是初級的領導統御開始。

---

17 許倬雲：《西周史》（臺北：聯經出版事業公司，2020年），頁58。

然而再以歷史的發展綜觀「管理」的演化，新石器時代的晚期，於上古中國的大地，有好幾個源遠流長的文化集團相互激盪與競爭。歷經漫長時間，由人民基於文化認同群聚於單一部落，不同認同的部落互相競合的結果，創造出國家出現的條件。此時出現了第一個「組織力」超過個別部落的國家體制：夏朝。[18]夏朝作為中國第一個超過村落界限的國家，隨著時代與文化的推演至夏朝，聚落、部族、國家等越來越完整的社會體系逐漸形成；[19]這樣的組織力不斷融合擴大，在西周開始的國家統治，已經不再是粗糙的體制及管理。國家治理開始進入相當程度專業化及階級職務分工，這可以說明是：周朝是中國「統治機構分工合作」的開始。[20]因此可以溯源考證，在《尚書・大誥》[21]中所記載：周朝所建構的國家官僚體制及階級分工運作模式可以推論是現今企業管理組織的初始原型。由歷史上的演變可知，「領導」及「管理」本身在形成的過程就存在著差異，兩者的起源也有時間順序的分別；人類先是因「生存」需要而遷徙分工，進一步產生了領導者，而後才出現了因為向內認同建構組織及為了統治而分工的管理者。因此無論是在時間先後或者產生意義上都有極大的不同。

另一方面，「領導」與「管理」於今兩者常在角色、功能被混淆為相同的兩個詞彙。西方企業經營管理學中，有關於「領導」通常是指由「人」的角色出發，探討領導者的思維、人格特質、性格、價值

18 許倬雲：《西周史》，頁95。

19 許倬雲：《西周史》，頁77。

20 許倬雲：《西周史》，頁23。

21 〔春秋〕佚名，錢宗武、江灝、周秉鈞校釋：《尚書》（臺北：臺灣古籍出版社，1996年），頁282。在〈大誥〉內文中提及：肆予告我友邦君越尹氏、庶士、御事、曰：「予得吉卜，予惟以爾庶邦于伐殷逋播臣。」這裡所出現的「尹氏」、「庶士」、「御事」在文中多次出現。以前後文考據及判斷應是指，分屬在周朝官制中三種大臣官員職務職稱。

觀等議題。在近年西方管理學中，以領導者為核心，探討有關人的「領導」之著書及臺灣、世界知名企業領導者之相關著作彙整如下：詹姆士・杭特（James C. Hunter）《僕人：修道院的領導啟示錄》[22]、羅伯・格林里夫（Robert K. Hunter）《僕人領導學》[23]這兩本著書所側重之管理理論貼近於老子思想中，領導者「以民為本」、「謙下」之論述。趙建華、劉建平《領導藝術的修練》[24]這本書具濃厚道家式色彩的企業管理理論。商業周刊《沒有唯一，哪來第一》[25]，此本書記錄了臺灣企業家劉金標先生創辦捷安特成就為世界第一之心法，內容闡述個人領導心性修練轉變過程。張忠謀《張忠謀自傳上》[26]，這本書張忠謀記錄了在五十四歲返回臺灣創辦台積電公司之前，歷經對日抗戰、國共內戰之大時代輾轉赴美國求學及就業期間底蘊之價值觀與責任感。日本稻盛和夫在《心。人生皆為自心映照》[27]書中以「虛己」、「知止」等闡述一生由經營企業中之領悟修練。在「管理」部分，西方企業經營管理學中即著重於領導者之決策策略及達成目標之團隊組織力相關研究探討。近年在管理學中側重於組織、目標願景之決策、策略相關著書與臺灣、世界知名企業領導者之著作如下整理簡述之。提姆・柯林斯（Jim Collins）《從 A 到 A^+》[28]主要論述領導者心性修練

22 〔美〕詹姆士・杭特（James C. Hunter），張沛文譯：《僕人：修道院的領導啟示錄》（臺北：商業周刊，2010年）。

23 〔美〕羅伯・格林里夫（Robert K. Hunter），胡愈寧、周慧貞譯：《僕人領導學》（臺北：啟示出版社，2018年）。

24 趙建華、劉建平：《領導藝術的修練》（臺北：崧燁文化，2018年）。

25 商業周刊：《沒有唯一，哪來第一》（臺北：商業周刊，2015年）。

26 張忠謀：《張忠謀自傳上》（臺北：天下文化，2021年）。

27 〔日〕稻盛和夫著，吳乃慧譯：《心。人生皆為自心映照》（臺北：天下雜誌，2020年）。

28 〔美〕提姆・柯林斯（Jim Collins），齊若蘭譯：《從A到A^+》（臺北：遠流出版公司，2002年9月）。

出發後，提供如何從找對人、建構團隊、訂定達成目標之一系列方法。由艾力克．施密特（Eric Schmidt）、強納森．羅森伯格（Jonathan Rosenberg）、亞倫．伊格爾（Alan Eagle）、合著《教練》[29]為管理學最新之實務著書，主要收集了由全球知名企業如美國蘋果、谷歌、亞馬遜等公司創辦人之共同教練比爾．坎貝爾所提供如何建構與矽谷頂尖團隊一般的管理心法。湯明哲、李吉仁、黃崇興《管理相對論》[30]則是結合了臺灣四十八位卓越企業領導者經營企業實務經驗，論述包含了：形塑組織、人才培育、決策形成、創新管理等策略方法。商業周刊《器識》[31]探討由商業周刊整理張忠謀打造台積電成就為全球半導體晶圓代工龍頭企業之過程策略。

再以歷史、管理學上的闡述之外，本篇論文研究者也試圖以「領導」與「管理」的行為觀察，說明兩者本質上的不同之處。從人類行為出發探討而言，本論文研究者認為：領導係是以完成特定目的為前提，在一群體中某一特定個人或一小群人在大眾之中，試圖以個人特質轉化為影響力，爭取獲得大眾認同，進而帶領一群人朝「目光未及」、「心卻能知」這是指領導者展現一種生理性質的眼光雖不能看見，但內心素質卻篤定堅毅朝特定目標方向前進的過程；而管理則是特定人與群體大眾面對面以佈達「目光可及」，同時「心亦能知」欲朝向特定目標前進行時，建立大眾心、眼所能理解的制度規範的方法。透過規範及紀律約束，建立可以實踐的社會行為的準則關係，如同政府對人民、企業經營者對員工。因此，領導者在領導行為本質上是以其人格特質發揮影響力爭取多數人認同，為朝目標前進；而管理

29 〔美〕艾力克．施密特（Eric Schmidt）、強納森．羅森伯格（Jonathan Rosenberg）、亞倫．伊格爾（Alan Eagle），許恬寧譯：《教練》（臺北：天下雜誌，2020年）。

30 湯明哲、李吉仁、黃崇興：《管理相對論》（臺北：商業周刊，2014年）。

31 商業周刊：《器識》（臺北：商業周刊，2018年）。

則是依循領導者形塑組織及規範，分工合作，執行實踐目標。

融合歷史、管理、行為等觀點的定義，可以延伸為企業管理中「領導」及「管理」的定義。在企業經營認知內涵方面，領導是為實踐特定目標而開展，必須面對一定的風險，試圖在冒險中求生存、求成功；至於管理講究的是清楚穩定，要讓員工明白政策、維持安穩的工作和生活，因此勢必要將風險降至最低，以確保人人安守本分。更進一步來說，領導者必須形塑一個鼓勵員工多元發揮，藉由刺激激發新的想法而不斷改變、不墨守成規的思維；然後又將此思維轉換成在管理端，用來指導員工能夠完整執行工作達成任務，以及建立嚴謹的規範制度及方法。兩者合而為一並不斷循環朝既定目標前進，使公司營運提升層次。

綜合各方面論點再加以論述，「領導」與「管理」其實是同等的重要，無法分別輕重，更不能獨立存在。領導是帶領群眾一起前行，伴隨著希望、願景；管理負責執行，蘊含了制度與規範，讓目標得以實踐。一旦沒有領導者，就沒有團隊，更不會有方向，使人不知該從何而去；倘若少了管理者，領導者提出再好的規劃也沒有人可以付諸實踐，理想永遠只是空想而已，無法被付諸實行。因此，本研究於後的第三、四章中將以《老子》思想為考察核心，再分別觀察領導者企業經營在「領導」思維及「管理」運用這兩個詞彙進行論述。

第三節　研究方法

根據前兩節分別論述了本論文的研究背景與動機，整理分析了老子思想於現代新詮釋研究與近年企業管理新著書探討後，本文之研究者企圖於本節中擬定研究方法。本論文中採用「文獻史學分析」、「議題歸納分析」、「企業個案分析」等三個路徑探索老子思想於春秋後流傳發展脈絡，作為本研究內容論述時代縱深之依據，並依此定義企圖研究之主要參考文獻及歷史背景，按「領導力」與「組織力」歸納整理採用之專書，再一步簡述欲分析之個案輪廓，為撰寫論文訂定研究方法。

一　文獻史學分析

文獻分析是將參考文獻藉由系統化的整理，加上客觀角度加以評論與證明的方法，目的在於鑑往知來、預想未來。故本論文參考《老子王弼注校釋》一書，企圖透過《老子》的原文，與魏晉時王弼身處不同時空背景下的注釋，進行前後相對應的分析，探究其中異同；除此路徑之外，也採用戰國初年出現的《黃帝四經》[32]及戰國後期《管子》[33]中老子的詮釋，加以探討在其時代政治上的應用，作為探究者在撰寫個案時的參考。同時加入臺、日、美等東、西方經營管理理論專書之研讀，並集結與領導、管理相關之前人與老子思想結合的經營方針，而後進行理解與詮釋，以建設本論文理論之基本架構。

而再進一步，用以史學角度分析。觀照東周末年歷史，最高統治者周天子的權力式微，這時候開始出現各地方諸侯權力擴張並割據占領一方為國稱王。欲稱霸天下的超級大國諸侯與其他大小諸侯之間，彼此合縱競爭。根據司馬遷指出：

> ……周道缺，詩人本之衽席，關雎作。仁義陵遲，鹿鳴刺焉。及至厲王，以惡聞其過，公卿懼誅而禍作，厲王遂奔于彘，亂

32 〔戰國〕佚名，陳鼓應注譯：《黃帝四經今注今釋》（北京：商務印書館，2007年）。
33 〔戰國〕管子，國立編譯館主編：《管子》（臺北：鼎文書局，2002年）。

> 自京師始，而共和行政焉。是後或力政，彊乘弱，興師不請天子。然挾王室之義，以討伐為會盟主，政由五伯，諸侯恣行，淫侈不軌，賊臣篡子滋起矣。齊、晉、秦、楚其在成周微甚，封或百里或五十里。晉阻三河，齊負東海，楚介江淮，秦因雍州之固，四海迭興，更為伯主，文武所褒大封，皆威而服焉。[34]
> ……

由此記載可知，當時各諸侯國為了生存，於內分自建立的組織管理方案，於外互相競合而有不同適切的擴張或保存的生存策略，而《老子》的學說編譯起源於春秋末年。而流傳至戰國初期《黃帝四經》中所闡述老子觀念部分，據考證亦可視為老子思想之原始材料。另一方面，到了戰國中後期，政治紛亂加劇。諸子百家各執一言的思想，已經無法有效解決紛亂時局，於是思想上的合流成為了主要趨勢。在《管子》、《呂氏春秋》、《韓非子》各記載，有數篇是以遠古時代黃帝事蹟傳說與當時老子的思想合流，來傳遞老子的治世思想，也進而開始將本不相關的「黃」、「老」連結在一起。而更在《韓非子・解老》、《韓非子・喻老》各篇，發現數十處《老子》。由此斷定《老子》思想在戰國末期《韓非子》時，已大致形成定本。[35]

戰國末年，秦朝滅齊國後取得最後統一戰爭勝利，秦始皇為了一統天下而鞏固統治權力，將國家組織管理制度快速架構完成：

> 分天下以為三十六郡，郡置守、尉、監。更名民曰「黔首」。大酺。收天下兵，聚之咸陽，銷以為鐘鐻，金人十二，重各千

34 〔西漢〕司馬遷：《史記・十二諸侯年表第二》（北京：中華書局，1959年），頁509。

35 勞思光：《新編中國哲學史》（臺北：三民書局，2020年），頁225-226。

石，置廷宮中。一法度衡石丈尺，車同軌，書同文字。[36]

而秦朝作為首先統一中國的帝國，所採行之高壓統治之術很快又崩落，漢帝國替代興起。然而為不重蹈前朝覆轍，漢帝國建立初期，在複雜的政治因素下，領導者所採行統治制度被動接納以「漢承秦制」為主。但已經深刻明白，單以外在嚴刑峻法無法收攏民心，有效鞏固統治權力。所以治國的核心方略在本質上開始調整以休養生息為國策之黃老治術，企圖充分授權臣子一展專長，讓百姓發揮創造力，社會經濟回復走向穩定。最終，領導者統治權才得以穩固，以致國家長治久安，故所謂黃老之學之治國策略確實發揮治理的功效。是以歷經了春秋後期、戰國及秦朝，直至《史記》，才真正使用「黃老」一詞。而根據《史記・儒林列傳》云：

及至孝景，不任儒者，而竇太后又好黃老之術。……及竇太后崩，武安侯田蚡為丞相，絀黃老、刑名百家之言。[37]

由司馬遷指出更可知在漢孝景時期，因竇太后的喜好黃老之術，不任儒者，黃老之術遂成了主要的治國方法，足見戰國時期已有「黃老之治」之實，而到西漢才有「黃老」之正名，並用之以治國。

因此，《老子》有治理之術，是從西漢才開展出的新詮釋，這影響了後世的整個中國文化觀點。在參考戰國時期之後至西漢初之「黃老治術」，國家領導者以老子思想治理國家的理念，並以王弼注《老子》，配合西方管理學的內容，也藉此來觀察《老子》思想在現今企業經營方式的應用。於上述所闡述老子思想於後世之流變可知，史學

36 〔西漢〕司馬遷：《史記・秦始皇本紀》（北京：中華書局，1959年），頁223。
37 〔西漢〕司馬遷：《史記・儒林列傳》（北京：中華書局，1959年），頁3117。

研究主要是透過歷史的脈絡，藉由過去古人的記載及看法探討思想或觀念對當時的影響及在後世出現的變化，藉以為本研究提供有效的論證。因此，本研究主要欲參照的史書為《史記》，係因本論文研究範圍乃由春秋戰國始至西漢初，而《史記》已綜觀了在此之前的歷史脈絡，同時也涵蓋了研究範圍內的時代；透過《史記》可使探究者更了解老子思想的流變，並對照當時社會背景，理解其形塑的過程及逐漸演變為治國可用之術的原因。因此探討領導與管理之前，探討者欲先追溯最早出現這兩種概念的時代；因為一個思維的啟發絕非憑空而來，必有其時代背景根源可追究，因此在進行研究前，必先將歷史脈絡梳理透徹，了解思想或行為的起源及其歷史因素。

二　議題歸納分析

本論文不以前人研究甚多之老子與黃帝起源相關為論述重心，而是以學界較少人涉獵之老子治術為基礎，與前一節所闡述今時企業經營領導與管理所延伸之「領導力」、「組織力」理論相關議題之專書進行議題分析歸納，於次再進行論述比較。由此，探究如何將此應用於現今之企業經營方式，以補足哲學思想學術研究在領導力、組織力這兩個議題內容的不足。

首先進行議題歸納分析。歸納法乃是將所使用的文獻經過分門別類後再次梳理脈絡，整合為研究中的結論。經過前述文獻的研究、史學的考據以及資料的比較後，經過統整上述成果，可以歸納出更加精準而深入的見解，使本研究欲探討的現代領導及管理實務應用主軸格外鮮明。此處謹將其歸納在「領導力」理論議題專書方面茲臚列如下：

（一）亞伯拉罕・馬斯洛（Abraham Harold Maslow）《動機與人格》書中，馬斯洛整合心理與社會及文化層面，開展四大主題：動機理論、心理病態與正常狀態、自我實現、人類科學的方法論。藉由對人類心理學的重要探問，提出許多精彩的理論，包括人本主義心理學科學觀的理論、需求層級理論、自我實現理論、動機理論、人格理論、心理治療理論等等，這些論述至今仍在心理治療、教育輔導、商業應用等多個領域和實務中發揮巨大影響力。[38]

（二）庫爾特．勒溫（Kurt Lewin）所著：《人格的動力理論》一書中，勒溫根據群體動力學的概念，進一步從事群體領袖領導風類型與群體作業績效關係的研究，提出了對於不同領導風類型理論。本文中所引用勒溫所提出的領導風格可分為專制型、民主型和放任型三種風格。試圖在第三章中，剖析與老子思想相關聯性。[39]

（三）社會心理學家約翰．弗倫奇（John French）與伯特倫．雷文（Bertram Raven）在一九五九年提出的論文《The Best of Social Power》中，對於權力構成的基本要素提出五種基礎定義。本研究於第三章中，探究西方管理學中全力觀點定義與老子所提論述相互對比的可能印證。[40]

另一方面，歸納在「組織力」理論相關議題專書方面，則有：

（一）瓊安．瑪格瑞塔（Joan Magretta）的《管理是什麼》，作者在管理的學問上有極相當豐富的知識，對於管理的來龍去脈知之甚詳，因此能清楚簡明地於書中敘述企業管理學中之精要，因此使得這本書既具基本參考價值又深具廣度，更被譽為是企業管理的「聖經」。[41]

---

38 〔美〕亞伯拉罕．馬斯洛（Abraham Harold Maslow），梁永安編譯：《動機與人格：馬斯洛的心理學講堂》（臺北：商業周刊，2020年）。

39 〔美〕庫爾特．勒溫（Kurt Lewin）：《人格的動力理論》（北京：中國傳媒大學出版社，2018年）。

40 〔美〕約翰．弗倫奇（John French）．伯特倫．雷文（Bertram Raven）：《The Bases of Social Power》（密西根：密西根大學，1959年）。

41 〔美〕瓊安．瑪格瑞塔（Joan Magretta），李田樹譯：《管理是什麼》（臺北：天下文化，2003年）。

（二）陸洛、高旭繁《組織行為》一書藉由系統性的闡述企業組織行為的學理與研究佐證，延伸出理論、實務案例與討論，進而內化組織行為的知識。憑藉於此，規劃架構出「管理」人的厚實根基。與此同時更進一步思考企業經營管理者應當站於何種組織的至高處，設計與開展切合人性的企業管理制度，強化經營效能，創造企業內外雙贏或多贏共好可能性之格局環境。[42]

佛瑞蒙德・馬利克（Fredmund Malik）在《管理的本質》一書中釐清對管理的普遍謬誤，幫助讀者正確清楚的認識管理的原則、任務、工具與責任，並提供確實的執行方法，促使每個人都可以從自身啟動，向組織擴大，共創高績效。[43]

（三）洛克（Edwin A. Locke）在一九六八年提出了《目標設定論》。本研究於引述第四章論述激勵策略時認為，目標本身具有激勵作用，若能把人的需要轉變為動機，就可以使人們的行為朝著一定的方向努力；再將自己的行為結果與既定的目標相對照，隨著個人或團體需求進行調整和修正，進而實踐目標。[44]

（四）德西與萊恩（Deci&Ryan）在一九七五年提出的《認知評價論》，又稱為「內在激勵理論」，該理論奠基於「需求」之上，因此在其核心關鍵中即可看出，激勵應由內開始。如能讓一個人在從事認為有趣並願意投入的事物中，得到一種控制事物及成就感，便可以激發並強化其行為。[45]再依路徑由議題分析歸納後再開展論述之比較。

---

42 摘引陸洛、高旭繁：《組織行為：以人為本・優化管理》（臺北：前程文化，2015年）。

43 〔奧〕佛瑞蒙德・馬利克（Fredmund Malik）著，李芳齡、許玉意譯：《管理的本質》（臺北：天下雜誌，2019年）。

44 〔美〕艾德溫・洛克（Edwin A. Locke）：《Goal-Setting Theory》（馬里蘭：馬里蘭大學，1968年）。

45 摘引陸洛，高旭繁：《組織行為：以人為本・優化管理》（臺北：前程文化，2015年）。

上述的論述比較，是指以比較所徵引的文本內容在不同時代背景的人們眼中的詮釋方式，探討其中的差異；或者是將古籍可查閱的事件與現今社會之案例相較，與之呼應或進一步分析。在此基準之下，本研究中欲針對《老子》中詮釋領導思維或管理方法，深入探討西方管理學理論著作，將不同著書撰寫的內容與《老子》相較，了解不同背景或延伸老子思維下的解讀差異；同時也將這些參考書籍作為進行研究時的對照組，藉由前人的腳步，尋思可加以探討的空間，促使研究內容可更加涵蓋廣闊。因此本論文將利用文中最核心採用之西方近代管理學理論專書：亞伯拉罕・馬斯洛（Abraham Harold Maslow）所著《動機與人格：馬斯洛的心理學講堂》為例，論述對比《老子》對於統治者應該了解穩固的統治權必須是以人民民意為上，將百姓真實需求作為自己最重要的治國參考可知，在東西方對於「需求」是有著一致的見解的。馬斯洛受到二戰的影響而產生了和平的願景，並發展出具有開創性的心理學學說：「自我實現」，而在達成真正自我實現前必須滿足某些因素，因而使得馬斯洛提出了「需求層次」，這與《老子》內容中所云：

> 故貴以賤為本，高以下為基。是以侯王自稱孤、寡、不穀。此非以賤為本耶？非乎？[46]

位居高位的統治者需對百姓保持謙卑，統治權要穩固，通常都是建立在以卑微作為基礎。也因為如此，才能與以人民為上、滿足人民基本需求的觀點遙相呼應。

---

46 〔春秋〕老子，〔晉〕王弼注，樓宇烈校釋：《老子王弼注校釋》，頁105。

三　企業個案分析

本論文研究者企圖在世界知名企業領導人所經營之個案公司實例，驗證老子思想的運用成效，探究其中的因果關係。

（一）商業周刊《器識》乃透過台積電創辦人張忠謀先生口述歷史的方式，匯整張忠謀創辦及經營企業理念、經由專訪真實記錄，也深刻烙記臺灣半導體產業如何在世界政經局勢丕變下取得關鍵位置之發展歷程。透過解讀世界級企業的經營之道，示範什麼才是真正的價值創造；也藉由張忠謀的領導風範，揭櫫如何才能成為世界級的企業家。[47]

（二）稻盛和夫在《心。人生皆為自心映照》中，認為生活中發生的一切，皆來自自心的牽引，他說道：「人生的模樣，皆源於自心的編織勾勒，」因此，擁有什麼樣的心靈，將決定一個人過什麼樣的人生。這是生活幸福的關鍵，也是做事、做人和經營企業成功的秘訣。[48]

（三）李・柯克雷爾（Lee Cockerell）《落實常識就能帶人》主要談論的是達成迪士尼夢幻績效所需的十種領導力；在這本書中，李不僅使用理論，更使用其親身經驗引導本論文探究者歷經一段關於領導的冒險，學習如何建立起一個充滿熱忱、且願意相信「我們的成功不是來自於魔法，而是我們的努力創造出魔法」的團隊。[49]

於上三種分析之路徑所採用之書目，皆是本論文研究者作為研究老子哲學應用在企業經營管理實務上重要撰寫及欲闡述處理的議題。

---

47 商業周刊：《器識》（臺北：商業周刊，2018年）。

48 〔日〕稻盛和夫著，吳乃慧譯：《心。人生皆為自心映照》（臺北：天下雜誌，2020年）。

49 〔美〕李・科克雷爾（Lee Cockerell）：《落實常識就能帶人》（臺北：商業周刊，2017年）。

依據上述議題歸納，於次之第二章，首先觀照老子思想轉化為「黃老治術」最早於西漢初領導與管理在治國上應用；再者於第三章中，探討老子形而上思想如何內化於今時企業經營之領導統御之術。主文的第四章中，針對老子形而下思維如何落實於企業經營管理策略作考究；在兼及《老子》文本詮釋及實際理論下，分析個案公司，並依此擬訂研究歸納分類。

最後，本文以研究者企業經營實際之個案分析為研究主軸，試圖以老子思想應用於企業經營管理上學術探討與前人研究做出區隔。企圖經由這一個案分析路徑藉以得知老子思想落實於企業經營的可能性，並加以對照及探討。

第二章
西漢初延伸老子學說內涵與現代企業經營交融

《老子》一書在春秋晚期開始流傳，五千餘字的內容，言簡而易賅。展現的文字正言若反，看似不合於常理，但其背後思想卻隱含著深刻之道理。源自春秋末的《老子》中亦得見關於領導統御應用之思維被後世廣泛引申用於各領域之中。在戰國初期起，思想上合流已被各諸侯用於統御及征伐成為當時主流。老子思想更與遠古時代社會的部落酋長黃帝之治術交融為「黃老」而作為戰國初期起新的思想詮釋；而至西漢初期因其時代背景所需，老子思想轉化成為統治者採行應用之國家治理權術。《老子》云：

> 魚不可脫於淵。國之利器，不可以示人。[1]

老子以自然中生物生存方式領悟到，魚依附生存之根本是水，而水雖柔，魚不得須臾離開水，否則無法存活。就此，以統治者運行國家制度體察而提出，統治者不可輕易將權柄主動展現對向百姓，而令其產生畏懼。然而這句話背後正深刻說明秦朝滅亡之關鍵因素，即是採行「剛強」的嚴刑峻法治理國家，雖歷經一百五十餘年的變法強大，然而不斷施以高壓統御的治理之術統御人民，使其心生畏懼，終究造成百姓反抗、嚴厲剛強之治術疲乏。這也更是證明老子所云：「飄風不

1　〔春秋〕老子，〔晉〕王弼著，樓宇烈校譯：《老子王弼注校釋》，頁89。

終朝，驟雨不終日」。[2]秦朝在政治上所施以的殘暴治術及軍事力量擴張展現終不得長久。西漢初統治者記取秦敗亡前車之鑑，深知為使社會恢復生機，國家達成富強之目標，必須施行「柔弱」之術。所以延展《老子》中之思維以推行國家統御之治理治術，就應如同使人民好像魚一般，自在悠游在水中而不知水的存在，猶如百姓感受不到法之約制、統治者領導力的存在，而百姓能自由自適地發展，發揮創造力。因此採行黃老學派的學說作為治國方針，並轉化應用於治國治術之策略實踐，達成顯著效果。故本章既以在春秋末期《老子》思想中，有關「政治應用」思維闡述，流傳至戰國初期其合流黃帝治術學說之新詮釋，乃至西漢初統治者首先用於國家治理領導統御治術觀念與展現執行效果。最後論述直至今日於探討個案企業經營領導與管理之應用，在以下三節，逐步展開論述。

第一節　老子思想之形成和先秦之政治新詮

春秋戰國時期周天子控制權逐漸衰弱，地方諸侯併起，相互征伐競爭。如何「生存」，成為了各諸侯費盡心思在政治上急迫解決的關鍵問題。正因如此，春秋戰國背景環境開啟了歷史上原創思想百家爭鳴的時代，這也是提供諸子百家盡其所長提一家之言，並且透過各諸侯領導統御國家之治術實踐，相互激盪延伸應用的鼎盛時代。在梁啟超闡述春秋戰國時代各家思想流派之著作中論述說：

> 春秋戰國間學派繁茁。秦漢後或概括稱為百家語，或從學說內容分析區為六家為九流。其實卓然自樹壁壘者，儒墨道法四家

2 〔春秋〕老子，〔晉〕王弼注，樓宇烈校釋：《老子王弼注校釋》，頁57。

> 而已。其餘異軍特起，略可就其偏近之處附庸四家。四家末流，雖亦交光互影，然自各有其立腳點所在。[3]

其觀點更加強說明春秋戰國時期是一個各家思想學說，因應當時時代需要百花齊放、互相爭豔的時代。而梁啟超在著述內容闡述道家思想，開宗明義提及：

> 道家，信自然力萬能而且至善。以為一涉人工便損自然之樸。故其政治論建設於絕對的自由理想之上，極力排斥干涉。結果謂並政府而不必要。吾名之曰：無治主義。[4]

在梁啟超以上解釋論述中明白指出，自然是沒有任何人為意識的干涉及加工調和，而且也無法受一切人為干預的。而在進一步論述道家思想核心時更清楚說明：「道家以自然界為理法為萬物以道為先天的存在且一成不變。故曰：『人法地，地法天，天法道，道法自然』。」[5]在這段闡述更完整道出：人乃社會制度規範、自然運行之中心，一切皆是自然循環之中。人因應適應生存，需有一可依循之規範，因生存需要所建構政治社會運行制度，最終無法偏離且須效法及順應自然之道。而近代學者王邦雄也對道家的核心思想提出補充，王邦雄提及：「道家追尋的是境界的自然，而不是物象的自然。境界是心境所開，經由心的修養而展現的境界。」[6]這解釋道家的自然是以精神層次上開闊的心境修養，將有限的生命形體投入道無限循環不息的服務中，

3　梁啟超：《先秦政治思想史》，頁165。

4　梁啟超：《先秦政治思想史》，頁105。

5　梁啟超：《先秦政治思想史》，頁165。

6　王邦雄、陳德和合著：《老莊與人生》（臺北：國立空中大學，2007年），頁100。

以尋求與萬物合一的自然自得。因此，本節既以源起於春秋末期《老子》學說內涵中具有治國「政治應用」之思維闡述與在戰國初期至後期其思想合流皇帝治術之新詮釋，以論述老子思想傳播於春秋末至戰國時期體現於統治者領導統御之承繼與轉變。

一　《老子》闡述：「政治應用」之思維

西周末年，周室因戰爭東遷，政治上天子權力衰弱、地方諸侯強勢崛起，意謂著封建制度已經形同瓦解。這樣的情勢在司馬遷《史記》中亦有描述。根據《史記》所記：

> 平王立，東遷于雒邑，辟戎寇。平王之時，周室衰微，諸侯彊并弱，齊、楚、秦、晉始大，政由方伯。[7]

周王室因避禍遷室後，昔日能夠號令天下的實力急遽的式微，其結果是實質控制的權力已旁落於所竄起欲爭奪天下之諸侯，最後導致各地群雄紛爭，春秋霸政形成。在此時，周室禮樂典章崩壞，各諸侯國欲兼併他國、一統天下之企圖心透過軍事力量展露無疑。春秋後期所迎來的是諸侯國各自專權，彼此之間征伐，導致天下戰火綿延不斷，烽煙四起，國家社會進入了長期動亂。面對這時代如此亂世在《老子》內容中對當時國家社會政治、經濟、軍事等各方面混亂局面，有這樣深刻敘述。在社會政治層面上有此描述，《老子》云：

> 大道廢，有仁義；智慧出，有大偽；六親不和，有孝慈；國家

7　〔西漢〕司馬遷：《史記・周本紀第四》（北京：中華書局，1959年），頁149。

> 昏亂，有忠臣。[8]

老子所闡述核心指出，在周朝之前上古時代君主治理國家之術以順應自然、依循其自然之道來治理天下，雖無春秋時期社會制度建構「仁義」之名，但是卻存在「仁義」之實。懂得開始利用知識，虛偽取巧之事就盡出無遺。沒有了親情倫常規範，才需要用孝慈教化。國家社稷混亂、君主無道，這時凸顯了忠臣的高尚人格特質現象。然而，就是因為在周室創立之初，國家社會因應治理需要所制訂禮樂規範，在天子權力式微後逐漸崩落，各諸侯國之間為了君主欲望及權力上滿足，表面上以「生存」為名，實際上為稱霸而發動之兼併戰爭，以致社會秩序混亂，這時會開始強調「仁義」，也因此在這樣時空背景下，必須更提倡了「智慧」、「孝慈」、「忠臣」等社會倫常的行為，愈加強調愈是適得其反。因此，更是凸顯依循大道之重要性。在當時社會經濟運作上也看到失序的狀態。《老子》云：

> 大道甚夷，而民好徑。朝甚除，田甚蕪，倉甚虛；服文采，帶利劍，厭飲食，財貨有餘；是為盜夸，非道也哉。[9]

在春秋後期，社會失序的現象日益嚴重，百姓為求自保生存而選擇旁門偏道而非正道，這是真實存在的社會現象。為何造成如此：為政者君主，荒廢朝政施政不彰，農業荒蕪，在民間方面，應當豐收的農田無人耕作，而至廢耕，以至於米倉空虛，更重要的是國家也徵不到稅收。在社會上充斥著多是穿著光鮮亮麗的衣服，佩帶著鋒利的劍器，以豪奪掠取之方法享用不盡的佳餚及財富這樣的人。事實上這更是意

8　〔春秋〕老子，〔晉〕王弼注，樓宇烈校譯：《老子王弼注校釋》，頁43。

9　〔春秋〕老子，〔晉〕王弼注，樓宇烈校譯：《老子王弼注校釋》，頁141-142。

謂著，在上位的統治者利用自己權力大肆的收刮民脂民膏，過著荒誕無度的生活，這猶如強盜一般並非是正道。而君王對於欲望的不知足，以致諸侯國之間為成霸主以戰爭為法，彼此征伐，對國家社會帶來的災難有如次的描述。《老子》云：

> 天下有道，卻走馬以糞。天下無道，戎馬生於郊。罪莫大於可欲，禍莫大於不知足。咎莫大於欲得。[10]

老子在細微觀察自然與國家運行變化中提及，一個因循自然安定的國家，戰馬都下放在田裡協助農夫耕作。但是，因應戰爭，連懷孕戰馬也得不到休息，只能在戰場中生下小馬以利戰爭需要，由此可觀察到戰火綿延不止的真實狀況。因此，老子提醒君王再進一步提到，最大的禍害就是來自於人心對欲望的不知道節制，最大的過失既來自於對欲望的貪得無厭。君主要節制欲望，勿以一己之私欲發動戰爭來殘害百天下生靈。對戰爭後的慘況，《老子》再以云之：

> 以道佐人主者，不以兵強天下。其事好還。師之所處，荊棘生焉。大軍之後，必有凶年。[11]

老子對自然的循環興衰來闡述戰爭，一位持順應自然之道治理國家之君主是不會輕易以戰爭方式橫行於天下。這正是因為統治者知道，戰爭是不得已而為之手段，一旦挑起戰爭，必會遭致報復。軍隊所到之處，必定烽火連天，以致荊棘橫生，在戰爭結束之後，也必定會出現荒年，毫無生機可言。也正因春秋時期各方面皆處在一個混亂背景之

10 〔春秋〕老子，〔晉〕王弼注，樓宇烈校譯：《老子王弼注校釋》，頁125。
11 〔春秋〕老子，〔晉〕王弼注，樓宇烈校譯：《老子王弼注校釋》，頁78。

下，在《老子》一書中亦見其提出一家之言，闡述關於國家治理，見其欲形塑之「理想國」之目標，所提在政治應用上「無為而治」、「簡約為政」、「恬淡反戰」之思想解方。首先在形塑「理想國」之境界目標上，《老子》云：

> 小國寡民。使有什伯之器而不用，使民重死而不遠徙。雖有舟輿，無所乘之，雖有甲兵，無所陳之。使人復結繩而用之，甘其食，美其服，安其居，樂其俗。鄰國相望，雞犬之聲相聞，民至老死，不相往來。[12]

春秋時代這樣背景下，老子在此闡述形塑了一個理想國的輪廓。國家小，所治理人民少。更重要的是在欲望需要有限及節制下，老子有以下的推論敘述：百姓即使具有各種生產效能高的器械，但卻不使用。人民看重自己生命，而會不輕易遷徙遠行。縱然有馬車及船舟，也沒有特別去乘坐理由。有武器裝備，也沒有用於戰爭的必要性。百姓重新回到以手作結繩用以記事的時代。內政上，使其感受到在食衣住及文化上的樸實無華。在外交上，雖與他國如此緊密相鄰可以互相遙望，彼此日常生活的聲音清晰可聽，卻互不干擾。然而，春秋後期的現實狀況並非如此。因此，老子所有闡述之核心是君主不應以其權力欲望而行對外擴張領土為施政目標。其應去除征伐他國，挑起戰爭之私欲，重塑一個最美好的狀態即是人民安居樂業沒有多餘欲望，一切順其自然生活的理想國。而現代林安梧更以今時世界政治運行觀點延伸論及老子於春秋時代對「小國寡民」的探討，其觀點如下：「道家主張小國寡民，強調以『區域聯結』代替『國家的外交互動』，而這

---

12 〔春秋〕老子，〔晉〕王弼注，樓宇烈校譯：《老子王弼注校釋》，頁190。

裡的聯結是自然的，打破了國家的觀念」[13]，這觀點也轉而強調國家領導者應著重人民安居樂業的需要與根本，以順應及發揮地域多樣貌條件與生活型態的差異化為優勢而作為小國寡民的國家治理境界定義，以現代觀點呼應老子理想國的概念，然而在其政治應用方面先以「無為而治」為其應用手段，作為統治者首先必須尊重民意，了解百姓其需要。《老子》云：

> 聖人無常心，以百姓心為心。[14]

老子在這裡論述了君主不應擁有絕對高權力而私心自用，而必須摒除主觀固執的己見，還要以滿足百姓的基本需要生存為優先。在此老子闡述的「以百姓心為心」既是滿足人民在生活上基本之需要，並以成就百姓為目標，這既為統治者最重要的責任，也就是心持最核心的「無為」之道。至於統治者應當如何自持於「無為」之道，《老子》述之如次：

> 道常無為而無不為。侯王若能守之，萬物將自化。[15]

老子「無為而無不為」所闡釋的「道」看似無任何作為，其實恆常狀態就是因循自然。正因如此，「道」沒有任何自私欲念，也就是「無為」，不刻意去主宰、控制，無私提供了一個孕育萬物也順其自性發展，順應自然的環境，就是「無不為」。統治者如果也能自持與遵循「道」的規則，不任性為之，順其自然之道治國，如此萬物也會順應

13 林安梧：〈道家思想與現代管理──以老子《道德經》為核心省察〉，頁103。

14 〔春秋〕老子，〔晉〕王弼注，樓宇烈校譯：《老子王弼注校釋》，頁129。

15 〔春秋〕老子，〔晉〕王弼注，樓宇烈校譯：《老子王弼注校釋》，頁91。

與自然相應和、自我生長育化。對應於現代企業管理，在西方李察．庫區（Richard Koch）、伊恩．戈登（Ian Godden）也都闡述了相近於無為而無不為的觀點：「管理者的無為，並非是無所事事，而是不造作、不妄為、不任性，進而有更大的作為，故又無所不為。」[16]而統治者明白「無為」之道後，再施以「無為而治」之策略上，《老子》論述如下：

> 以正治國，以奇用兵，以無事取天下。[17]

老子在這段對於君主領導統御提出了三個層次的治國之道。「正」即是指清淨，因循自然，亦是指「無為」，這也是一位君主治理國家能夠長期穩定及有效治國的心法。而在軍事謀略則是以「奇」，這乃是指以特殊奇巧、隱秘變化之術來佈局應對，也可以說是為了達成某種目的所採行不同以往的思維。最後再以「無事」，也就是以一切順應自然運行之道理，不干擾百姓的方法來達成治理天下的目的。在以治國策略應用上，則提出「兩不相傷」之策略。《老子》云：

> 治大國，若烹小鮮。以道蒞天下，其鬼不神；非其鬼不神，其神不傷人；非其神不傷人，聖人亦不傷人。夫兩不相傷，故德交歸焉。[18]

在上述之治理國家方略中，老子更闡述了統治者所採行任何一個治國

---

16 〔英〕李察．庫區（Richard Koch）．伊恩．戈登（Ian Godden），劉清彥編譯：《沒有管理的管理》（臺北：晨星出版社，1998年），頁12-44。

17 〔春秋〕老子，〔晉〕王弼注，樓宇烈校譯：《老子王弼注校釋》，頁149。

18 〔春秋〕老子，〔晉〕王弼注，樓宇烈校譯：《老子王弼注校釋》，頁157-158。

策略，皆牽一髮而動全身。所以治理國家的制度最好的方式就如同烹小魚般不要隨意去翻動，在烹飪過程中觀察自然熟成變化。以「道」也就是順應自然之法則統治天下，百姓亦順應自然，自我化育，也就是「無事」。「無事」則不須迷信鬼神，鬼神、甚至君主也就無法傷害百姓。鬼神、君主與百姓彼此互不傷害，「德」也就是因循自然之行為就融合一起了。而這就是老子以其思想核心「無為」論述之展現。而最後在治理國家達成「無為而治」之體現之狀態，《老子》云：

> 悠兮其貴言，功成事遂，百姓皆謂我自然。[19]

老子闡述認為統治者治理國家施政，看似悠閒，不要隨意發號施令，不需要刻意推行政策制約百姓，百姓並不需要刻意去遵守，而是很自然去做到，國家治理推行之政令就順利推行開展，也就是行「不言之教」，百姓也會認同由內在改變，而非被管理，這一切就是順其自然的結果。而在「簡約為政」上之應用方法，《老子》中提及統治者需以身作則，採行一種克制欲望、簡約政令，順於自然而行的修養態度。《老子》云：

> 治人事天，莫若嗇。[20]

老子闡述統治者治理國家既猶如養生，必須採取簡約，凡事不過度損耗，核心的意義是在於能夠進一步蓄積精神，累積國家的根基。而在施政上《老子》敘之如次：

---

19 〔春秋〕老子，〔晉〕王弼注，樓宇烈校譯：《老子王弼注校釋》，頁41。

20 〔春秋〕老子，〔晉〕王弼注，樓宇烈校譯：《老子王弼注校釋》，頁155。

> 民之饑，以其上食稅之多，是以饑。民之難治，以其上之有為，是以難治。民之輕死，以其求生之厚，是以輕死。夫唯無以生為者，是賢於貴生。[21]

老子以百姓生活的社會現象觀察指出，百姓之所以挨餓、難以維持生計，是因君主所訂定國家賦稅政策過重所致。百姓之所以難以統治，正是因為人民無法忍受統治者貪得無厭、為所欲為。人民之所以不怕死、輕視生命，更是因人民起身反抗上位者奢侈無度的生活。統治者如果過著恬淡樸實、以身作則的生活，就不會有這些現象發生。再更進一步敘之，統治者制定治理國家的經濟及社會制度時，以不過度干預百姓生存。方向上以「簡政」、「寬容」為核心，而不要藉「繁賦」、「嚴苛」之律政，強加重賦於百姓。人民可以安居樂業，其統治權亦得穩固。最後，對於戰爭的態度，亦提出以下闡述「恬淡反戰」之思想。《老子》云：

> 夫佳兵者，不祥之器，物或惡之，故有道者不處。君子居則貴左，用兵則貴右。兵者不祥之器，非君子之器，不得已而用之，恬淡為上。[22]

老子認為，凡事遵循自然而行之，統治者明白兵器是不吉祥的器械，就不會輕易去靠近並使用它。而持道之君子如常之行為以「左」為位置，使用兵器時以「右」為位置。這正是因為君子知道，兵器乃是不祥之物，非君子所能憑藉，非必要時才得用之，看淡忽視它是為上策。對待戰爭的態度，老子提出了一種「不得已而用之」以否定戰爭

---

21 〔春秋〕老子，〔晉〕王弼注，樓宇烈校譯：《老子王弼注校釋》，頁184。

22 〔春秋〕老子，〔晉〕王弼注，樓宇烈校譯：《老子王弼注校釋》，頁80。

的意義。對於使用的兵器，統治者應將兵器視為殘害生命的不祥器物，而非是征伐他國、取得勝利之利器。他接著再敘述說明，戰爭之得勝或敗亦是自然平常之事，用兵發動戰爭只是手段，而非最終目的。《老子》云：

> 善者果而已，不以取強。果而勿矜，果而勿伐，果而勿驕。果而不得已，果而勿強。[23]

老子指出，善於用兵之君主知道打勝仗後就要適可而止，而非以逞強用兵為最終目的。透過戰爭取勝，不要自滿於勝利，不要驕傲，戰爭勝利是不得已為之的過程，不要好於用武力取得勝利。由上之闡述更可以再進一步知道，用兵只是手段，在於取得勝利，但不會以兵強取征服天下；取得勝利不要驕傲炫耀，更要清楚知道這是一種非不得已而為之的手段，國與國之間不輕易發動爭。而其相處之道，在《老子》中，最後以大者宜下的姿態，再以云之：

> 大國者下流，天下之交。天下之牝，牝常以靜勝牡，以靜為下。故大國以下小國，則取小國；小國以下大國，則取大國。故或下以取，或下而取。大國不過欲兼畜人，小國不過欲入事人。夫兩者各得其所欲，大者宜為下。[24]

老子所處之春秋後期，大的諸侯國均以戰爭威嚇方式兼併其他小國。因此，老子針對大國與小國應該如何往來之原則提出了見解。對於政治軍事強大諸侯國應學習水的特性，下流匯聚於江河下游交融可以承

---

23 〔春秋〕老子，〔晉〕王弼注，樓宇烈校譯：《老子王弼注校釋》，頁78。

24 〔春秋〕老子，〔晉〕王弼注，樓宇烈校譯：《老子王弼注校釋》，頁159-160。

載萬物之處。這就猶如生物特性中，雌性的安靜柔和可以來育化雄性剛強一般。由自然現象中得知，大國以居下方式（指的是謙虛、卑下的態度）對待小國，則小國就願意依附大國。小國如以此自然之法對待大國，則亦取得大國信任。而兩者最終不過是互相需要而已，所以要實現這目的，大國宜居下善待小國之。作為強勢者，應當處的適合位置，從其目的觀之，可以這裡所論述之「以靜為下」探究其意，可能隱含了一種有目的性的「低姿態」策略。進一步說，大國欲取得小國為依歸、小國欲取得大國包容，皆可以相互取得各自目的。而上述《老子》中之「政治應用」流傳至戰國初起，更被後世再以引申轉化，作為提供統治者治國之顯學。

二　合流黃帝治術：「黃老之學」之新詮

《老子》其思想原意，隨著時間的傳播及時代背景的需要，到了整個戰國時代在政治上有了不同的新詮釋，也出現與其他思想交融之新開展。戰國初期，首見編譯於《黃帝四經》中；戰國中後期，更可見融合黃帝治術出現於《管子》、《呂氏春秋》、《韓非子》等論述之中。

（一）戰國初期環境：《黃帝四經》之引述

《老子》的學說編譯起源於霸主政治盛行且逐漸替代周禮的春秋末年。進入了更複雜的戰國時期，征伐不止，更形成了數個超級大國與大小諸侯國；此時各諸侯國開始調整新的政治體制及外交關係，彼此之間只有盟主與從屬的關聯，而非以周王室為主的君臣關係。各國之間透過變法及戰爭展現國力，因此兼併加劇，戰爭更加慘烈。而至戰國中期愈加紛亂的局世下，單憑一家之言無法徹底滿足各國稱霸或生存的需要。諸子百家在思想上透過互相批判攻訐，又相互吸收彼此交融，不同學派思想上合流並且與政治結合，儼然成為這時期提供諸侯國稱霸天下的主流趨勢。《老子》的學說傳播至戰國初期，與另一宣揚上古時期黃帝統御事蹟傳說開始合流。而在此時一股「托名黃帝，重視道法，用以禮義，崇尚無為」之合流學說開始興起，這樣的交融首先見起於戰國初期開始編譯之《黃帝四經》。[25]而在《黃帝四經》中，充分呈現濃厚《老子》學說之延伸及新的闡述詮釋，以利諸侯治理政局之術之需要。《黃帝四經》內容之特色有三，「其一：藉由周室崩落之勢，在開宗明義即清楚揭示『道生法』的『引法入道』宗旨。其二：在《老子》內容中，老子特別提示『動善時』也就是行動要掌握時機，而在《黃帝四經》其內文中更強調『主時變』。這更是進一步闡述君主應該掌握時代脈動契機，推動政治變革。其三：《老子》云：『無為而無不為』，這是指人只要遵循自然不妄為，任何事情就可以做好。而在《黃帝四經》其內文中更轉化強調『君主無為，而臣下無不為』。君主只要掌握政策及基本治理方向，不干預下位者職務。各級官吏按其職能，專職分工，盡其所能。君主臣下各司其職，職能各有所歸。」[26]首先在「引法入道」以挽周之崩落頹勢，《黃帝四經・道法》云：

---

25 林靜茉在《帛書《黃帝書》研究（上)》內容論述提及到，1973年2月，長沙馬王堆三號墓出土大批帛書，根據同時出土的一件有紀年的木牘，確定該墓的年代是漢文帝12年（西元前168年）。帛書共約十萬餘字，內容涉及古代思想、歷史、軍事、天文、曆法、地理、醫學等方面。其中發表最早，同時也是迄今討論最多的，當屬兩種寫本的《老子》及其卷前卷後的古佚書。兩種寫本分別以抄寫年代先後命名為甲、乙本《老子》。《老子》甲本卷後古佚書並無篇題，而《老子》乙本卷前古佚書，分為四篇，四篇皆有名稱，前兩篇本身又分成若干章，也有章名。一般相信，與《老子》合卷，抄寫於《老子》乙本卷前的古佚書《經法》、《十大經》、《稱》、《道原》四篇，與漢初黃、老之學有關。唐蘭先生首先發表文章，主張這四篇古佚書就是《漢書・藝文志・諸子略》道家類所著錄的《黃帝四經》四篇（臺北：花木蘭文化出版社，2008年），頁1-2。

26 〔戰國〕佚名，陳鼓應注譯：《黃帝四經今注今譯》，頁2。

> 道生法。法者，引得失以繩，而明曲直者也。故執道者，生法而弗敢犯也，法立而弗敢廢也。故能自引以繩，然後見知天下而不惑矣。[27]

在此內容所闡述之法，即為國家社會運行治理的法度，這法度是以觀察自然且因循自然運行而訂之。然而訂定之社會制度法則繩墨的曲直一般，決定了成敗得失。因此，法度既已訂之則不可違犯，法度既已立之則不可輕廢。也因此，君主可以以法度而以身作則，既能明白天下萬物運行道理而不困惑。這進一步說明，君主治理國家之法也必須遵循自然的大道而行，法度在社會體制運行中體現了道的公平與無私。一旦確立了這準則，天下百姓既會依循道而自定之。而這樣的觀點更可以探究與《老子》中「人法地，地法天，天法道，道法自然。」[28]之論述為同源。其次，在「主時變」的觀點論述，《黃帝四經・道法》云：

> 生必動，動有害，曰不時，曰時而背。動有事，事有害，曰逆，曰不稱，不知所為用。[29]

《黃帝四經》中闡述了君主一旦產生過多的欲望，則會招致無謂的人為災害。這表現在一位君主不能明白掌握自然運行之理，甚至倒行逆施。過多不必要欲念則產生不當行為，而禍害也隨之而來。這體現於君主不依循事理而行，或是不自量力，甚至不知目的為何。這更可以明白君主在治理國家要順時應勢而採取適當之決策，具備清楚拿捏運

27 〔戰國〕佚名，陳鼓應注譯：《黃帝四經今注今譯》，頁2-3。

28 〔春秋〕老子，〔晉〕王弼注，樓宇烈校譯：《老子王弼注校釋》，頁65。

29 〔戰國〕佚名，陳鼓應注譯：《黃帝四經今注今譯》，頁5-8。

行之法則的能力，才不至於製造事端。同時更清楚知道動與靜中之時機，這樣的治理即可符合自然運行之規律。而這與《老子》中「居善地，心善淵，與善仁，言善信，正善治，事善能，動善時。」[30]所論述一個好的君主會知道好的處理事情方式就是因時順勢發揮他的能力，最好的行動就是因時因勢而動。最後在「君主無為，而臣下無不為」的觀點上，《黃帝四經．道法》云：

> 故唯執道者能上明於天之反，而中達君臣之半，密察於萬物之所終始，而弗為主。故能至素至精，浩彌無形，然後可以為天下正。[31]

依循自然之道治理國家的君主不但明白自然運行的規律變化，更以此領悟君主與臣子所應該處之分際分工，而又細微觀察萬物創生終始，更不以天地萬物之主宰而自居。君主若能做到無欲而專一，天下萬物則能各盡其能，無為則為天下效法之典範。引申說明之，君主必須體察自然運行規律，進而知道如何轉化在治國治理的制度上。君主與臣下各司其職，有其不同角色分工。君臣各安其位國家則安，不安其位國家則亂，這恰與自然天地運行之法則一同。而在《老子》中並沒有清楚指出君臣之「無為，無不為」應當有的分際論述，可見在戰國初期開始因應諸侯治理需要藉由老子哲學中「無為」思想闡述，引申轉化用於君主治國之術已經有其之實。

(二) 戰國中後時期：法家之流採用

至戰國中末期，黃老學說因其兼併戰爭加劇，各諸侯治理國家環

30 〔春秋〕老子，〔晉〕王弼注，樓宇烈校譯：《老子王弼注校釋》，頁20。

31 〔戰國〕佚名，陳鼓應注譯：《黃帝四經今注今譯》，頁31。

境更為複雜，致使重新詮釋《老子》延伸為一種因應政治上需要的治理之術蔚為風潮，編譯著書更勝於戰國初期。在戰國中末期《管子》、《韓非子》、《呂氏春秋》等著述中，均見其合流之思想更大量出現於數篇中，並且個別闡述領導者是如何以黃老之思想展現於領導與治國之術。而上述編譯著書中更是以「《管子》最可以反映黃老之學所占據於戰國時期思想上之突出地位。」[32]在戰國末期集大成之《管子・心術上》即清楚闡述了君主欲治理好國家首先必明白「法、權、道」等思想的綜合關係，也才能有效的施行統治之術。《管子・心術上》云：

> 事督乎法，法出乎權，權出乎道。[33]

《管子》中提及觀點之道，社會運行所定義之法度是督導行為的準則。處理事務行為的準則規範均需合乎於法，而法的訂定及裁量來自於君主的權力，而權力終須因循自然之道法。然而這也清楚的闡述戰國時期尊崇老子思想進而成為君主治國之術的轉換脈絡。而在用人之術上，更申明了君主與臣下兩者應如何去扮演其角色，管子首先對於君主必須先具備之心性作出了說明。《管子・心術上》云：

> 道貴因，因者，因其能者，言所用也。[34]

「道」之所以尊貴，就是在於它無私，無主觀意識之取捨。也就是客觀「因循」自然規律而運行。所謂「因循」即是在於以順應外在變化為法則，而正是「道」無私心自用。君主學習道之「貴因」即是「無

32 〔戰國〕佚名，陳鼓應注譯：《黃帝四經今注今譯》，頁26。

33 〔戰國〕管子，國立編譯館主編：《管子下》，頁903。

34 〔戰國〕管子，國立編譯館主編：《管子下》，頁909。

為」，而賦予臣下因循「有為」之能，則施政得以推行、國家也得以治理，這樣就能達成「無不為」。對於君主如何「因循」轉化成治術行之修為，管子有進一步論述。《管子・心術上》云：

> 有道之君，其處也，若無知。其應物也，若偶之。靜因之道也。[35]

一位順應自然而為之君主，表現在行為上之修為是樸實無知無欲的。因應外物情勢發展不以私欲而妄動，而是會以其情勢轉變相應而動，這即是君主「虛靜因任」的統馭治術。這也更進一步說明，君主最高的修為即是老子所說之「無知無欲」，這也才能為臣下者提供專長發揮之空間。針對君子與臣下關係及分工之準則，管子再論述之，《管子・心術上》云：

> 心術者，無為而制竅者也。故曰：君，無代馬走，無代鳥飛，此言不奪能，能不與下誠也。[36]

心的作用就是以虛靜無為的法則來約制身體的竅門。在《管子》中以此轉化闡述「君主」與「臣下」相應分工的關係，即是君主以「無為」之心術治馭臣下職能發揮之「有為」之術。君主不要替代臣下工作及職能，也不要以君主之權去干預臣下應該戮力負責之任務。在近代依陳麗桂分析黃老道家思想之政治哲學意涵，更具有以下四大理論特色：「首先，黃老之學是一種以『無為』為政治手段，無不為為目的，虛無因循、執簡馭繁、高效不敗的政術。其次，黃老之學堅信治

35 〔戰國〕管子，國立編譯館主編：《管子下》，頁898。
36 〔戰國〕管子，國立編譯館主編：《管子下》，頁902。

身、治國一體互牽，故論統御，也重養生。再者，黃老政術以虛靜因任與刑名為戰國時期主要的政治思想內容。最後，為了與時俱進，順應萬方，黃老之學兼採各家，以成其說，並強化老子的雌柔守後為順時應變，靈活萬端之術。」[37]根據以上闡述更是進一步清楚體現老子學說中「無為而治」之內涵，在戰國時期為了因應時代環境需要，興起黃老之學合流之思想及應用。因而在戰國中後時期，老子之思想除主要被法家所採用外，其他如陰陽家、名家等流派學說，也都可見融入了老子思想應用。惟二流派學說對後世影響甚微，故不在此深述之。

第二節　漢初黃老之治所展現老子之新詮釋

隨著秦朝的覆亡，終由漢帝國取而代之。戰爭後，國家社會一片殘破的景象，這樣的時空條件使得「黃老學說」中老子核心思維在統治者治理國家的政治治術上躍上了關鍵遵循之法的地位，也呈現了更多元面向的開展。根據《史記．淮陰侯列傳》記載：

> 秦失其鹿，天下共逐之，於是高材疾足者先得焉。[38]

秦失民心，政權因此傾塌。天下無主致群雄揭竿而起，終由漢高祖劉邦得民心順天應人，建立了西漢帝國。建國初期，因長期戰爭所致的社會動亂、經濟凋敝、農地荒蕪，到處都是殘垣毀壞之景象。對於社會民生凋敝之慘況更有如此之深刻描述，《史記．平準書》記載：

---

37 陳麗桂：〈黃老與老子〉，《「先秦文本與出土文獻國際學術研討會」論文合集》（臺北：國立臺灣大學中國語文學系主辦，2008年12月27、28日）。後收錄在：陳麗桂：《漢代道家思想》（臺北：五南圖書出版公司，2013年），頁354-389。

38 〔西漢〕司馬遷：《史記．淮陰侯列傳》（北京：中華書局，1959年），頁2629。

> 漢興，接秦之弊，丈夫從軍旅，老弱轉糧饟，作業劇而財匱，自天子不能具鈞駟，而將相或乘牛車，齊民無藏蓋。[39]

漢朝承繼了秦朝覆亡之後，處處呈現一片殘破不堪的情景。因戰爭急需兵員之故，家中正處壯年之男子投入軍旅，老與弱小者運送軍糧，經濟上物資農作生產與補給不足以致財政極度匱乏。連統治者所乘規格之馬車都無法拚齊一致的顏色馬匹，大臣也必須乘坐牛車執行公務，平民百姓家中亦無多餘存糧。正是迎來這樣千瘡百孔亟需重建的國家社會環境，所以西漢建國初期統治者充分警覺也意識到，人口的不足造成生產力急遽下降是最為亟需解決之問題。因此治國之國策首在安撫穩定民心，與民休息，否則秦朝覆亡之情節會再一次上演，統治權也無法保全。正是如此，治國的核心方略在本質上開始調整以「休養生息」為國策之「黃老治術」，企圖充分授權臣下得以一展專長，讓百姓發揮創造力，社會經濟回復走向穩定。「黃老之學」由戰國時期發展至西漢初期，經過不斷的應用演變已經相當成熟，摒除了原來道家思想上消極出世的因素，而更強調積極入世。先秦道家學說所推崇的「無為而治」在西漢也因應社會需要而有了新的開展。據司馬遷引用司馬談的看法，而謂：

> 道家使人精神專一，動合無形，贍足萬物。其為術也，因陰陽之大順，采儒墨之善，撮名法之要，與時遷移，應物變化，立俗施事，無所不宜，指約而易操，事少而功多。[40]

司馬談在《論六家要旨》中認為道家修養之核心在於聚精會神、專注

---

39 〔西漢〕司馬遷：《史記・平準書》（北京：中華書局，1959年），頁1417。

40 〔西漢〕司馬遷：《史記・太史公自序》（北京：中華書局，1959年），頁3289。

一致，行為舉止上遵循自然之法則，因為如此豐足了萬物。道家所採之術，是以根據陰陽家在天地、四時運作之學說發展，儒、墨兩家優點，名、法家之核心要義，道家之術可以隨時勢遷移，外在情勢變化，建立君主既可簡單操作之規則，應用在人事上也符合需要。而更重要之闡述提及，道家因其要義兼具了五家之長，而其治理之術要旨簡單又容易施行，所施行的事少，得到效果卻很大，這代表了正是對當時統治者所採行「黃老治術」休養生息之呈現於國家治理成效的適切論述。而白奚也指出戰國時期開始所傳播之黃老思想的特色：「博採眾長，宇宙論上用道家，政論用法家，輔之以儒家的禮樂教化，兼融名、墨、陰陽之術。」[41]在各家思想中去蕪存菁，體現了戰國時代起黃老治術的思維與運用。故本節既以二個面向進路，闡述西漢初統治者如何以引用「黃老之學」中的治理觀念及原則，轉化成「黃老治術」的執行方法及效果。探究《老子》其書歷經戰國初期的傳播引申，流傳至西漢初轉化體現於治國內涵及成效。

一　引申統御心法：「黃老之學」治理觀念及原則

西漢初統治者鑑於秦朝施政暴政與厲行苛法因此傾亡，而轉向以「黃老之學」為治國之思想根基。企圖消弭政府與百姓長期以來對立緊張的關係，以此達成國家社會安定、與民休養生息、厚實國力最終達成富國強兵之目標。因此黃老之學「無為」思想，即成為西漢初統治者因循實踐的核心圭臬。而司馬談對於採行「無為」思想有其觀點闡述：

41 白奚：〈郭店儒簡與戰國黃老思想〉，《道家文化研究》第17輯（1999年8月），頁444。

> 道家無為，又曰無不為，其實易行，其辭難知。其術以虛無為本，以因循為用。無成埶，無常形，故能究萬物之情。不為物先，不為物後，故能為萬物主。[42]

《論六家要旨》所闡述道家之「無為」即是順其自然規律，「無不為」亦是為孕育萬物。雖然其義深幽微妙，難以理解，可是卻容易施行。施行方法以道的虛無為核心基礎，以順應自然之法則為運用原則。道家認為，在自然中任何事物皆沒有固定不變之勢，也沒有長存不變的形貌，因為如此才能深刻探究萬物發展之情勢道理。道家進一步強調，不做超越或是落後於事物發展的事情，則可以成就為萬物之主宰。這即能延展指出統治者應效法自然「無為」之本體，因循外在環境變化，採行「無不為」之用，並持《老子》中「抱一」的中道，也就是將順應自然法則觀念轉化成實際治國之原則。以「虛無」為本觀念為修養心性之根本，去除不必要之慾望。所謂虛無，就是指統治者對於治理國家處理政治不變的法則是心志專一，必須保持其客觀性。而對於「因循為用」，《老子》有更進一步說明：

> 虛者道之常也，因者君之綱也。群臣并至，使各自明也。[43]

虛無是自然運行中不變的永恆法則，因循自然法則是君主治國之綱要。因此，臣下在執行職務前，君主應按其治國綱要使臣下明白各自職掌及分工。這更是深切說明君主治理國家的統御臣下之術最好方式就是在確認職能分工後，不過度干預臣下發揮才能。君主、臣下明白角色各司其職，按其分工。此說也與漢初賈誼之觀點有其相同之處。

---

42 〔西漢〕司馬遷：《史記・太史公自序》，頁3292。

43 〔西漢〕司馬遷：《史記・太史公自序》，頁3292。

賈誼認為：「術乃道之末，但它卻是君主駕馭臣、處理事物的原則。故君主欲執術以治臣下，就必須與道同體，做到虛、靜、無私。再進一步補充，即所謂：『明主者南面正而清，虛而靜衡虛無私，平靜而處。』賈誼指出人主與道同體和保持心靈上的虛、靜、無私，並非意味於權力控制系統之外，而是為了更冷靜地觀察、考驗臣下的行動，以及辨別民心的好惡和把握事情的發展趨向。」[44]而「虛無」觀念亦在西漢初統治者領導力中轉化成「清靜無為」、「儉樸寡欲」、「守柔謙下」等統御之特質呈現。

（一）清靜無為

「靜」既是心神保持安靜、靜定。不隨外在環境及情緒變動所干擾，進一步觀察洞悉外界之變化。統治者安靜、靜定既可形神兼養，進一步達到國之清靜。故《老子》云：「清靜為天下正」[45]這亦是指出，靜既為道體，自然本體不變，萬物則順勢孕育發展。而君正既天下清靜，臣下即可各安其職。

（二）儉樸寡欲

「儉樸」係是指統治者不以追求外在華麗，不倡導比較奢華，自然成為天下百姓之表率。「寡欲」是統治者需克制去除自身欲望，不妄作。《老子》云：「見素抱樸，少私寡欲。」[46]回到內心樸質的本質，削減無謂之欲望思考及節制欲望之的行為既是闡述並轉化領導者勤儉節約、克制貪欲之意。

44 丁原明：《黃老學論綱》（濟南：山東大學出版社，1997年），頁254。

45 〔春秋〕老子，〔晉〕王弼注，樓宇烈校釋：《老子王弼注校釋》，頁123。

46 〔春秋〕老子，〔晉〕王弼注，樓宇烈校釋：《老子王弼注校釋》，頁45。

（三）守柔謙下

「守柔謙下」由字義闡述看，是位處於弱勢低下的位置。然而對統治者而言是一種有目的性積極治國之術。「守柔」其義是指不以強居之，可避其禍。「謙下」則虛己以令臣下得以發揮。《黃帝四經．經法》云：「以強下弱，何國不克，以貴下賤，何人不得。」[47]居於位高者向位低者是以虛心謙卑之心，如此還有什麼人不能來依附歸順的，而君主再以百姓為根本，國家還有什麼不能治理的。而道家一再闡釋統治者治國、修身之原則，也適切呼應老子「柔弱勝剛強」[48]、「貴以賤為本，高以下為基」[49]之闡述。

二　轉化治國方略：「黃老治術」執行方法及效果

西漢初期社會民生凋敝，處處殘破不堪。在國家社會急需快速恢復生機的因素下，道家的無為思想、休養生息之黃老治術很明顯符合了漢初之國情現況，也因此占有了主導政治國策方針之地位。在漢初幾任統治者延續「休養生息」之國策後，自實行黃老治術起之六十餘年，國家社會已經逐步達成富強安樂之社會狀態。根據《史記．平準書》記載：

> 至今上即位數歲，漢興七十餘年之閒，國家無事，非遇水旱之災，民則人給家足，都鄙廩庾皆滿，而府庫餘貨財。京師之錢累巨萬，貫朽而不可校。太倉之粟陳陳相因，充溢露積於外，至腐敗不可食。眾庶街巷有馬，阡陌之閒成群，而乘字牝者儐

---

47 〔戰國〕佚名，陳鼓應注譯：《黃帝四經今注今釋》，頁109。

48 〔春秋〕老子，〔晉〕王弼注，樓宇烈校釋：《老子王弼注校釋》，頁89。

49 〔春秋〕老子，〔晉〕王弼注，樓宇烈校釋：《老子王弼注校釋》，頁106。

而不得聚會。守閭閻者食粱肉，為吏者長子孫，居官者以為姓號。故人人自愛而重犯法，先行義而後絀恥辱焉。[50]

上述對社會真實現況描述，因政策施行得當，社會安定以致官府糧倉儲滿糧食、庫房存滿財物。國庫歲收多於支出，所存之庫錢積累到無法計算，穿貫錢的繩子因此腐朽。新舊糧實因豐收去化不快，因此堆滿戶外任其腐爛無法食用。因無戰事，街上處處都有馬，田間小路更是成群，馳乘母馬更是被看不起。然而在這段描述中更細微的觀察是：「守閭閻者食粱肉」。這敘述著在社會階層最低微地位的人因統治者施政得當，也都過上有酒有肉的日常，生活獲得實質改善滿足，正也是社會富裕安定最重要的象徵。再者，社會穩定，為官者無重要急事可做，忙著生育子孫。因生活富足，多數百姓皆能自愛，而知道以行義重法。由此可深刻體現此時社會整體現況已經不再復見帝國初建時的殘破不堪的景象。在美國史學家費正清與崔瑞德主編的《劍橋中國秦漢史．前漢》[51]中，以國內政策與外交關係兩個進路分析說明了，由於西漢初歷經數任統治者所施行之治國方略奏效，國家呈現一片空前的榮景。而在另一位臺灣史學家周道濟以秦漢兩朝代政治制度及架構為研究之著書內容中亦提及：「西漢的政治在中國歷史上是一個安定清明的時期。高祖、惠帝起採行清靜無為的政策，與人民休養生息。……以是丕基一定，俗易風移，而至後數十年間，天下歙然。」[52]探究以上三位學者說法，針對西漢初統治者採行黃老治術所呈現之繁榮盛世，可以再綜合成政治治理、經濟改革、社會教化、外交策略這四個方向論述之。

---

50 〔西漢〕司馬遷：《史記．平準書》，頁3289。

51 〔美〕崔瑞德等人編譯：《劍橋中國秦漢史》，頁139-141。

52 周道濟：《秦漢政治制度研究》（臺北：臺灣商務印書館，1968年），頁156-157。

首先，在政治治理方面：「採行郡國並行，以挽王朝更迭之危」。在伐秦與楚漢兩軍爭奪天下戰爭期間，西漢王朝統治者因客觀環境需要，必須先施予權力交換用於爭取各路軍團將軍支持，以定天下。這種情勢也助長了諸侯權勢逐漸擴大，導致建國初期國家治理的統治權執行客觀條件並不利於統治者，統治者在國家治理權現實上位居的「弱」勢，只能暫時選擇分封釋權予以「強」勢諸侯領地及治理權；分封的制度因此受到各諸侯王推崇，也發揮穩定各諸侯王、鞏固政權的一定功效，甚至有某一諸侯王更是加以著書上呈統治者，期盼分封制度不要改變。

其二，在經濟政策方面：「獎勵投入農耕，降低賦稅擴大生產」。漢帝國建國前長期戰爭之因素，導致政府不斷對百姓提高賦稅，並且一定年齡以上男丁皆須被徵召投入戰爭；在西漢天下初定之後，統治者採行「重」農耕、「輕」稅賦之經濟政策，逐步解除兵員人數，鼓勵回鄉投入農耕生產工作，並且降低百姓賦稅之比重。這項制度在漢初數十年的執行，展現生產力快速恢復，人民因此逐漸富裕起來。

其三，在社會制度方面：「改行減刑輕徭，躬身作則不擾於民」。相對於秦朝法律及社會制度採取的「嚴」苛，以引起人民的反抗，西漢初期歷任統治者充分意識到必須改以「寬」容之制度，逐漸降低刑罰於民之標準，只在生活規範上以身作則形成一種身教作為，令百姓追隨，不干擾百姓作息；統治者以德化消弭與人民之間對立，亦使社會秩序出現穩定平和狀態。

最後，在外交策略方面：「實行和親懷柔，蓄積國力以平兵弭」。西漢建國初期不斷遭受北方匈奴侵擾。此時在帝國與強盛的外敵對比之下，更凸顯國力積弱。所以初期只能以採和親之術以「屈」之安撫策略，以時間換取內政上得到好的施政成果蓄積國力待其良機，後以「伸」之軍事戰略，滅其外敵大患。

這樣為達成鞏固統治權、富國強兵目的，呈現國家社會安定，人民富足一片欣欣向榮之盛況，就是建立在以黃老之學為手段的治術應用體現之效果。

第三節　本研究個案公司歷史及業務之簡介

本節即簡述 Z 個案公司其創立背景與產業位置，並試圖以中國古代老子思想及現代西方管理學運用策略之視角切入個案公司服務內涵與核心能耐、組織架構與發展歷程，藉此探究考察 Z 個案公司 T 領導者在企業經營之領導力及組織力來論述公司經營營收獲利能力呈現。

一　創立背景與產業位置

臺灣為全球半導體產業重要及關鍵供應鏈一環。Z 個案公司 T 領導者因其專業之背景，在二○○四年成立 Z 公司，其公司屬性為臺灣一半導體產業之高科技設備服務商。總部位於臺灣新竹市，因產業供應鏈屬性，所服務對象主要客戶均為高資本資出投入之高科技晶圓代工、記憶體生產、光電製造等公司。其產業鏈上下游廠商均圍繞或集中於科學園區。故個案公司以迅速提供客戶服務為考量之下，在臺中、臺南及中國均設置服務據點。以本文所探討之 Z 個案公司位於全球半導體產業供應鏈上游，見圖2-1所示。

以圖2-1敘述個案公司在半導體產業鏈上游位置，其角色既是提供予如圖中下游 IC 製造，例如：晶圓代工、記憶體相關公司服務。除此之外，再以提供服務內容敘述之。由於全球知名高端半導體應用下游品牌廠商，例如：美國蘋果（Apple）公司；決定半導體產業進程之關鍵技術設備領導廠商，例如：荷蘭艾斯摩爾（ASML）公司、美國應用

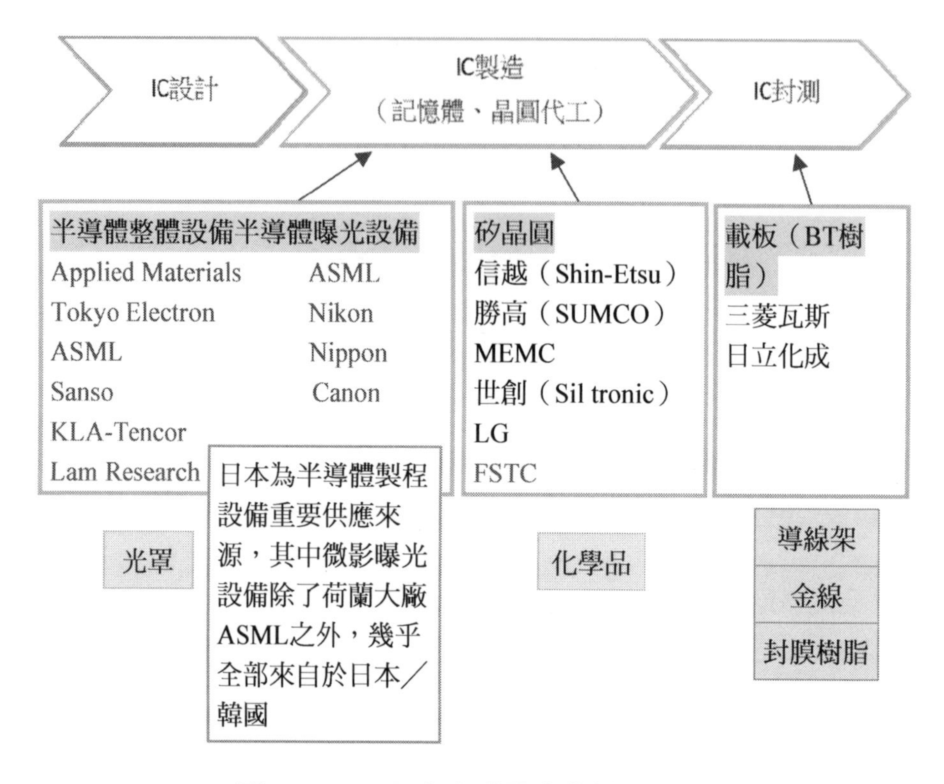

圖2-1　Z公司在半導體產業鏈的位置

來源係由本論文研究者補充解釋個案公司與半導體產業鏈關係所製

材料（Applied Materials）公司、日本信越化學（Shin-Etsu Silicone）公司、東京威力科創（TEL）公司。這些歐美日等先進大國之公司均以其核心能耐位於消費市場或以高端研發技術出發，各自在不同領域產業扮演重要角色，也掌握了品牌通路或源頭提供生產製造晶片之關鍵設備。再如亞洲國家：臺灣、韓國、乃至於後者崛起之中國等如圖2-2所示。

接著再由圖2-2之服務角色關係加以述之，臺灣既是以高素質之人力資源為優勢，扮演了生產製造、在地化非關鍵原物料資源提供、技術服務等與歐美日先進國家公司提供關鍵設備，兩者明確清楚分

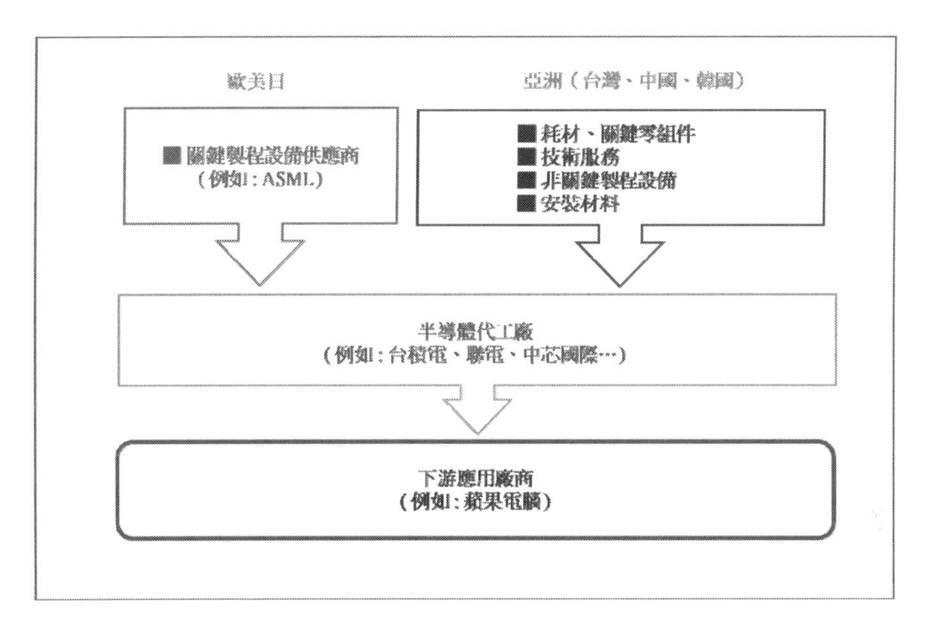

圖2-2　歐美日及亞洲國家公司在半導體產業鏈分工中之角色

來源係由本論文研究者所繪製

工。而個案公司在產業鏈中既是以在地化服務出發，提供耗材與關鍵零組件替代開發、技術服務、非關鍵製程設備、安裝材料等定位服務於半導體晶片製造大廠，例如：台積電。

二　服務內涵與核心能耐

臺灣 Z 公司的主要服務內涵及產品為製程設備安裝、設備拆移機、製程設備客製化零組件耗材開發、無塵室機電及製程管路設計施工及節能產品安裝等服務。如圖2-3所示。

根據圖 2-3 的 Z 公司五項產品結構說明之，其中以製程設備安裝與設備拆移機兩項產品結構服務為大宗。其主要原因起於，外在國際政治及產業情勢變化，亞洲臺灣以台積電公司為主，位居於世界半導

圖2-3　Z公司產品結構

來源係由個案公司內部型錄資料所提供

鏈，所占有之位置越來越趨於關鍵及重要。因此台積電除了扮演如圖2-2歐美日及亞洲國家公司在半導體產業鏈分工中之角色外，它未來勢必也會大量需要歐美日上游高階製程設備大廠之設備，需求量正逐年暢旺。個案公司因應主要晶片生產製造廠新技術的需求，而積極擴增其業務範疇服務中的製程設備安裝與設備拆移機業務，整體營運保持了良好的成長動能，而這也是 Z 公司主要營收來源之業務內涵。彙整個案公司主要服務內涵所帶動的產品營收百分比如見表2-1所示。

表 2-1　Z 公司產品營收比重

2020年服務內涵項目	比重
製程設備安裝與設備拆移機	73%
製程設備客製化零組件及耗材開發	15%
無塵室機電及製程管路設計施工	10%
節能產品服務	2%

來源由本論文研究者彙整個案公司2020年營收來源分析

再以表2-1詳細敘述主要營收占比重要的內涵。其因起於人類世界對於未來生活想像所描繪出的新應用領域。例如：AI 人工智慧、無人載具、高速網路、太空探索、智慧城市、生活娛樂等，這些新需求代表著需要運算速度更快、效能更穩定、線徑更微細化的電晶體。正因如此，刺激出晶片設計公司將新的概念及想法，也就是「創意」轉化成實際設計後，再委由晶片製造公司具象，也就是「生產」出可應用於各領域之晶片。上述這樣的產業供應鏈分工，正與中國古代《老子》中「有無相生」[53]之思維相適。而目前由臺灣台積電公司所接受於晶片設計公司委託之最新製程其電晶體微細化以來到3奈米（N3），而且受於客戶委予研發需要不斷投資向 1 奈米（N1）應用技術創新，及下一世代所謂第三代半導體更新材料科學突破兩方向前進。個案公司 T 領導者以此領域安裝之專業創業，而公司也受惠於在客戶欲新建置或更新全新製程須快速進行生產線安裝調整，T 領導者深知這設備安裝移機服務內涵是公司重要及占比最大營收來源，挹注並支持了公司穩定營收，所以除投入充足資源外，在每日重複循環的作業程序中，扎扎實實將基本功落實且滿足客戶在作業速度及安全上要求極高的相對服務，而這也與春秋時代《老子》中「周行而不殆」[54]的哲學思維相適。提醒個案公司在日復一日、循環往復的服務中，不懈怠的將基本功做好，提供符合此領域所訂之嚴謹規範及客戶要求的核心能耐及服務內涵。並即時配合客戶對其所需產能規劃，快速的進行安裝布建，提供其客戶於生產製程上最佳的重整能力。

再以簡述其個案公司核心能耐：個案公司在接到半導體晶片生產公司的訂單委託後，會以源於一九七〇年代冷戰時期，美蘇兩強在競逐太空事業發展時，一種用於確保太空梭燃料輸送導管必須達到零洩

53 〔春秋〕老子，〔晉〕王弼注，樓宇烈校釋：《老子王弼注校釋》，頁6。

54 〔春秋〕老子，〔晉〕王弼注，樓宇烈校釋：《老子王弼注校釋》，頁63。

漏安全的特殊氣體自動焊接技術來接合安裝進口關鍵零組件，接著進行供應設備及管線試車與測試等管理流程服務。而如前述，見圖2-4即是 Z 公司核心能耐的營運方式。

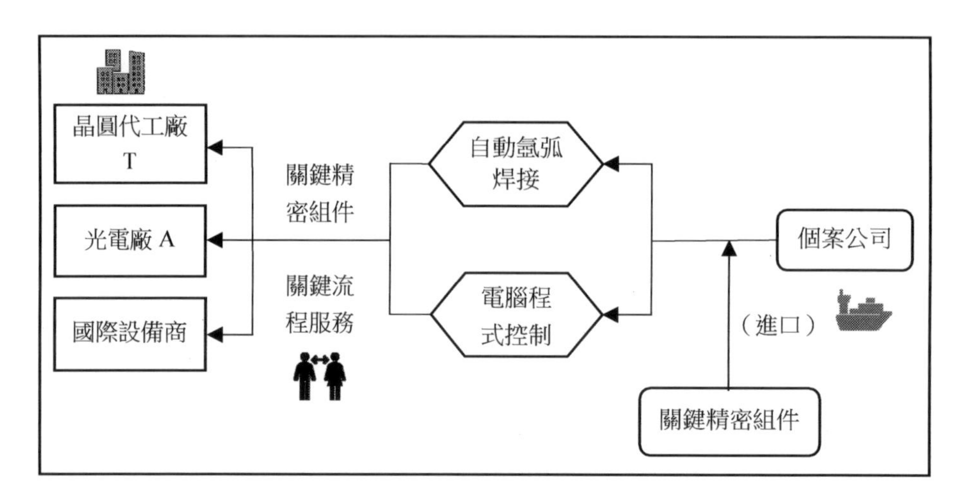

圖2-4　Z公司核心能耐的營運方式

來源係由本論文研究者根據筆者之另一碩士論文闡述個案公司核心能耐之原圖[55]而重新製之

而在圖2-4所表述最核心之關鍵點即是這些程序必須依賴電腦軟體程式及有效能的專案管理機制來確認其安全；換言之，這項技術與專案管理機制流程服務即為 Z 公司的「核心能耐（Core Competence）」。個案公司所建立之「核心能耐」是否能持續有效並能立足於市場，必須具備兩個要素：其一是保有一種時時「更新自己」的心態，不驕傲自滿，這正符合《老子》中「曲則全，枉則直，窪則盈，弊則新，少則得，多則惑。」[56]的思維，更進一步說明，企業不能自滿於現狀，

55 曾國強：《高科技設備服務業者之成長策略——案例分析》（臺中：中興大學管理學院碩士在職專班學位論文，2017年6月），頁23。

56 〔春秋〕老子，〔晉〕王弼注，樓宇烈校釋：《老子王弼注校釋》，頁55。

時時警惕優化自身文化及核心能耐，最終不至於被自我淘汰；而另一個要素則是：核心能力必須是具備策略方法有其特殊性的生存能力與競爭者有所差異，在市場上有所區隔，這更是與《老子》中「以奇用兵」[57]所闡述之以特殊方法治國，用以企業經營觀念延伸為核心能力「差異化」是最好的生存競爭策略。另外補充說明之，以上圖2-4中的半導體廠 T 為全球最具競爭力的半導體大廠晶片製造公司台積電，二〇二〇年全球晶圓代工市占率超過百分之五十三；二〇二〇年擁有八吋晶圓廠四座，有效出貨產能超過六百萬片／年，以臺灣為主要核心，12”先進製程晶圓廠超過二十五座，目前持續投資建置中。產能兩千萬片／年。另外，光電廠 A 為全球市占率第五的顯示器面板廠友達光電，二〇二〇年全球市占率約百分之九。而客戶建置或更新製程的商機就是決定個案公司營收來源表現良窳之重要因素。

另一方面，再以說明個案公司另一重要的營收挹注來源是為製程設備客製化零組件及耗材開發。Z 公司半導體客戶雖已購置最先進的製程設備，但製程設備為標準設備，無法提供更為精緻的客製化服務，雖不致影響生產，但對於使用者而言卻常有操作上的麻煩或困擾，甚或可能影響到生產上的效率。Z 公司因循解決客戶諸多問題即滿足其需要的服務之思考下重組資源，以在二〇〇八年金融海嘯下協助客戶完成新設備製程開發之技術團隊為基礎，更在二〇一六年成立技術研發部門，針對其客戶於生產流程中遇到的諸多不變或困擾進行設備零組件及使用耗材替代開發，優化提升生產設備有效率地進行生產；更協助其客戶在歐美日國外設備大廠保固後或其他非關鍵製程零組件設計製造建立後勤安全庫存資源，提高對客戶在市場競爭力。而由以上論述說明，探究個案公司領導者在思考公司長期業務發展策略

57 〔春秋〕老子，〔晉〕王弼注，樓宇烈校釋：《老子王弼注校釋》，頁149。

時有以下兩個重要脈絡。第一，客戶端需求量最大的服務勢必引來更多競爭者覬覦，進一步爭取加入而稀釋供給市場，符合市場供需法則。而這十餘年不斷有新競爭者加入同時，個案公司雖掌握多數資源，卻不以用盡資源、為拚奪市占率第一與競爭者戰得兩敗俱傷的經營思維來服務客戶，選擇長期居於第二，看似柔弱吃虧的位置。也因為這樣的思維在客戶與競爭者動態競爭中，不斷保持平衡。這正是延伸引用於古代《老子》內容所闡述的「不爭為上」[58]的哲學思想。再者，探究個案公司在營運良好時，其領導者已經有警覺心，依賴單一「核心能耐」的經營方式，公司的成長很快就會達到市場極限而萎縮。因此培養長出新的核心能耐藉此擺脫其侷限，企圖為公司營運找到新的成長動能；這種不以追求短期成長投注資源於未來的「逆向思維」，正與《老子》內容說明「道的反向思維」[59]有其相適的延伸應用。其他營收來源簡述如無塵室機電及製程管路設計施工與節能產品服務：Z 公司這部分的產品多為附加價值服務，協助不具有大型技術組織可以進行整體規劃設計的較小型客戶，Z 公司提供全面性的解決方案，協助其小型客戶完成無塵室及產線建置，補足 Z 公司客戶自身資源不足的困擾。

三　組織架構與發展歷程

Z 公司成立於二〇〇四年，以特殊氣體化學品供應設備設計安裝及其他因應客戶需要之設備統合性安裝專案服務起家，企業經營歷時十八餘年。而在戮力經營十八年期間，公司大致上走過三個重要時期，而其重要事件里程碑與呼應這三個時期發展簡述如見圖2-5。

58 〔春秋〕老子，〔晉〕王弼注，樓宇烈校釋：《老子王弼注校釋》，頁78。

59 〔春秋〕老子，〔晉〕王弼注，樓宇烈校釋：《老子王弼注校釋》，頁109。

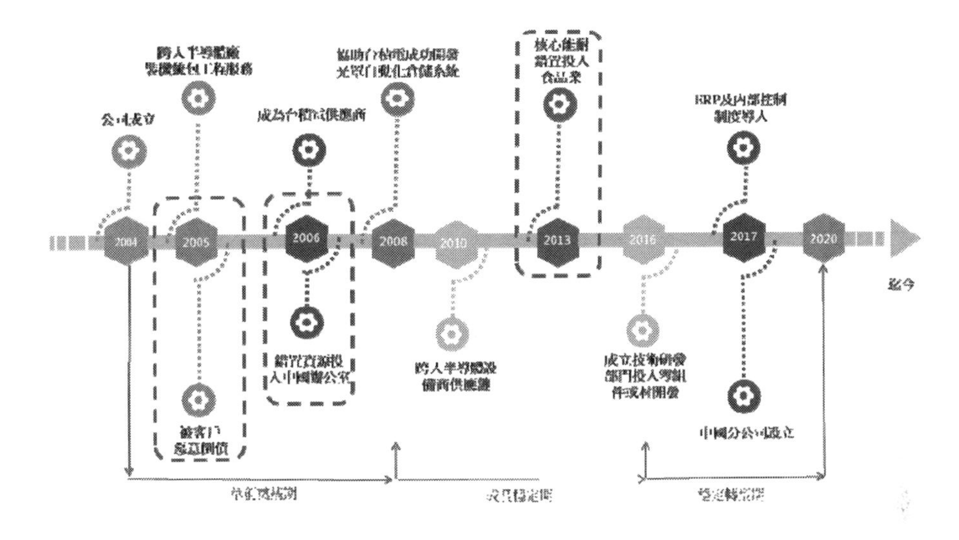

圖2-5　Z 公司影響各發展階段重要事件

來源係由本論文研究者彙整個案公司歷程而得資訊

在觀察 Z 個案公司各時期發展的重要事件，亦可知其個案公司 T 領導者不同領導思維及因循市場需要所架構之組織變化，更可發現亦與老子思想及西方管理學論述或世界知名企業領導者實務管理經驗有其相關適切之應用。茲以發展時期區分為：草創奠基期、成長穩定期、穩定轉型期。以下即依這三個經營時期敘述之。

(一) 草創奠基期：「磨練領導心志，摸索市場適以生存」

草創初期，對於企業領導者而言最重要就是能在市場取得一立足之地，「生存」既是為最重要任務。Z 個案公司在草創初期公司組織架構，如見圖2-6。

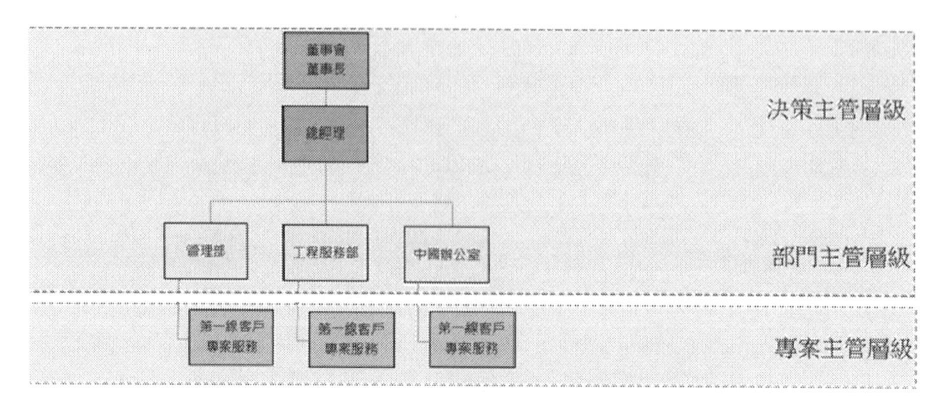

圖2-6　2004-2008年Z公司草創期組織架構圖

來源係由本論文研究者根據個案公司階段組織資訊而製之

由上組織圖可知道，個案公司此時期因其資源有限、在組織架構依照橫向專業職務之部門功能簡單，垂直之執行流程，通常因身兼數職，這時期相對精簡。創立初期，個案公司 T 領導者企圖求快速站穩市場繳出經營成績達成階段目標，也因此短時間內做出兩次錯誤決策，以上圖2-5中虛線示之其發生事件。其一，貪圖表面業績可能帶來豐富獲利，未能謹慎評估而致被客戶惡意倒債；其二，為提供服務予中國區客戶，但未能適當評估中國與臺灣市場包括在財務、核心技術及人才、客戶經營等不同無法轉移及深耕中國市場，以致投入資源無法產生效益而失敗，顯現了其領導者貪婪、自大之心性。這也與中國春秋時代《老子》中所論述引申之一「知止不殆」[60]所示，在現今企業經營過程外在所呈現事務往往過於包裝而令人不易看見其風險，領導者更要清楚凡事勿過度追求知道適可而止。另外之二論述即是「心志專一」，在《老子》中亦闡釋了「是以聖人抱一為天下式」，[61]這也正提醒領導者要專注於「身」與「心」、「形」與「神」一致，全

60 〔春秋〕老子，〔晉〕王弼注，樓宇烈校釋：《老子王弼注校釋》，頁122。

61 〔春秋〕老子，〔晉〕王弼注，樓宇烈校釋：《老子王弼注校釋》，頁56。

心全意投入企業經營，才不會為企業及個人帶來危險。再以近代西方管理策略學家沃納菲爾特（Wernerfelt, B.）提出之「企業資源基礎觀點」來檢視。個案公司在創立初期各項人、物力資源有限，公司專業分工之部門簡單，背後顯示所能提供客戶服務之內涵確實有其侷限。但因貪婪之心起，而對其他風險視而不見，這也是企業領導者在企業經營過程中不能停止之心性磨練。而 T 領導者亦在兩次錯誤後學習到寶貴經驗，很快檢討及調整，正視公司之關鍵核心能耐投入於最能給予效益之客戶「台積電」。Z 個案公司在將資源重置於客戶後，成功利用其核心能耐協助「台積電」開發光罩自動化倉儲系統，也開始投入設備服務領域。公司亦在此穩定經營基礎上，得以累積資源、開展其他客戶，而逐步邁入另一成長階段。

（二）成長穩定期：「培養管理班底，布建資源穩中擴張」

Z 個案公司在此時期依據營運「成長」需求，所設立組織架構在橫向部門中以逐漸有專業分工化之呈現，如見圖2-7所示。

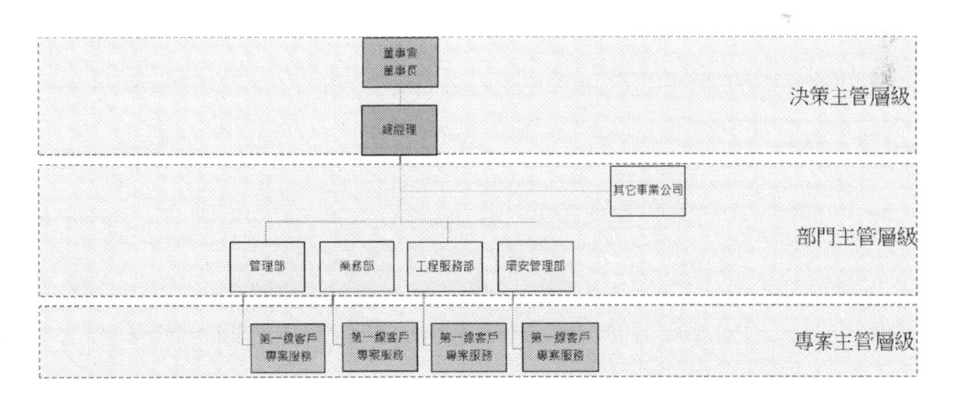

圖2-7　2009-2015年Z公司成長穩定期組織架構圖

來源係由本論文研究者根據個案公司階段組織資訊而製之

T 領導者在歷經前一時期企業經營上的摸索後，可由圖2-7中組織架構的擴充看出，此時期經營延續了上階段重新調整營運步伐、資源聚焦後所獲得的初步綜效。更在核心能耐發揮下，取得日本設備大廠的信任，獲得其委託訂單，進一步跨國外半導體先進設備商供應鏈，開啟了半導體設備領域全方位服務。而也因達成目標及務業開展，資源不斷增加，衍生出更細緻管理上的需要。此階段對於領導者而言，聚焦在各層級「人」不同管理議題的處理更凸顯其重要性。配合營運成長及公司及穩定發展，領導者思考如何布建包括：管理職能養成、潛力人才培育、福利制度訂定、企業社會責任、業務動能開拓等，確保公司營運得以持續成長，這些決策刻不容緩，在企業經營上絲毫沒有一刻可以耽誤。思考這些決策共同聚焦之想法，是以「人」的需要為出發。對內，滿足公司內部員工需要，使其在生活穩定無虞之下為公司訂定之營運目標一同努力；對外，以實際行動實踐企業所應承擔之社會責任。這思維之應用正適切與《老子》中所提「以百姓心為心」，[62]了解照顧員工需要，並給予機會透過展現才能實現抱負，再以其企業資源擴展運用，最終達成「長善救人、故無棄人」，[63]將資源擴及社會並解決社會問題。再從近代西方管理學理論的印證發現，在經濟層面上，除了貫徹馬斯洛《需求理論》中，滿足一個人身體其基本生理及安全需求，更是在精神層次滿足個人的自我實現。而另一方面，則又以現今各國政府所提倡規範企業應承擔及實踐一定之企業社會責任相契合。值得一提的是，再行考察個案公司 T 領導者所採之領導治術發現，為了公司營運持續成長，此時期在管理上開始進行擴大參與、授權賦權予其專業分工之各級主管；這也正與西漢初

62 〔春秋〕老子，〔晉〕王弼注，樓宇烈校釋：《老子王弼注校釋》，頁129。

63 〔春秋〕老子，〔晉〕王弼注，樓宇烈校釋：《老子王弼注校釋》，頁71。

國家統治者所採行之「黃老治術」目的性之「無為」本質上有一定之相合之處。更進一步藉由西方勒溫（Kurt Lewin, 1939）提出「領導風格」理論與約翰・弗倫奇（John French）與伯特倫・雷文（Bertram Raven）在一九五九年提出「權力五種要素」觀察之，在這階段個案公司領導者領導風格已經因循時勢需要，由專制型轉換成民主型與專制並型之型態；而在權力授權部分以表率權之「以身作則」核心內涵持續作為各級主管參與管理工作最佳奉行效法原則。由於前一草創時期的市場探索耕耘與這一時期透過客戶訂單挹注在營運上穩定成長，個案公司領導者在思索公司新營運動能時，欲藉企業「轉型」試圖找到新成長來源，而又一次錯用核心能耐於其他不熟悉產業之上，雖然再一次以失敗收場，但這一次卻給領導者一次寶貴學習，應將核心能耐及有限資源用於本業上專業之延伸，專注於經營並擴大公司現有產品市場，扎根於既有客戶服務內涵，滿足客戶其他需要或痛點。因此促成個案公司以下階段培養新核心能耐為主軸「設備服務部」新組織成立，試圖藉此核心能耐延伸開展，深耕既有的客戶，提升公司的附加價值，為個案公司帶來新營運成長契機。

（三）穩定轉型期：「拓劃經營願景，投入研發即早轉型」

個案公司因循前述階段，在營運更見穩定的成長。也因市場變化，競爭加劇，讓領導者更能體察到，若不在公司目前體質的良好下，加速調整轉型，找到下階段公司營運成長新動能，否則單是憑藉目前核心能耐，實不足以長期穩定立足於市場。此時期依據營運「轉型」需要，領導者個人及其組織必須完備新的核心能耐。《老子》中提及「挫其銳，解其紛，和其光，同其塵，湛兮似或存」，[64]在企業擴

64 〔春秋〕老子，〔晉〕王弼注，樓宇烈校釋：《老子王弼注校釋》，頁10。

張或轉型之際，領導者勢必要學習以收斂、磨合、柔和、無分別心及無己的心性來提醒個案公司在其企業體擴張之際，越是要修練其心志。並以更高「以身作則」的價值建立其核心能耐。即使是因新事業需要而在橫向部門中設立組織架構，亦能見到根據未來願景所分工設立之新核心能耐專業部門，如見圖2-8所示。

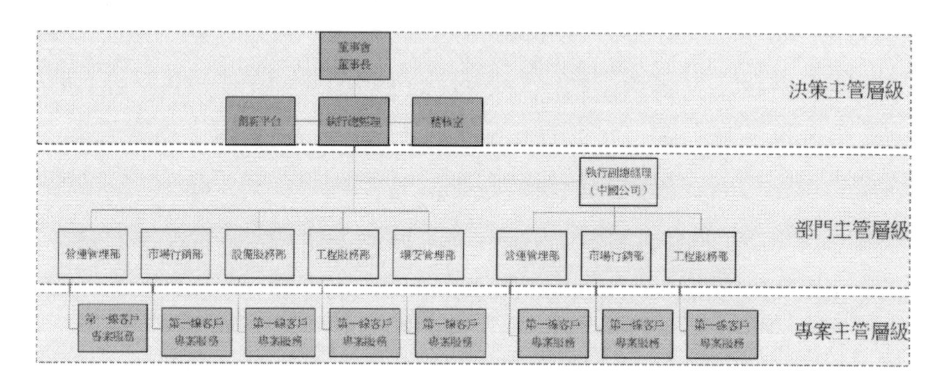

圖2-8　2016-2020年Z公司轉型期組織架構圖

來源係由本論文研究者根據個案公司階段組織資訊而製之

目前公司在此營運時期，設立組織架構有五個部門，營運管理部、市場行銷部、工程服務部、設備服務部以及環安管理部，更為重要之決策是為，將達成所設定未來願景之能力設置一創新平臺，直屬董事會下。以對於市場新機會連結及新核心能力轉移有關鍵決策之效益。個案公司進入這一個新的穩定轉型時期，領導者專注經營及對市場不斷變化觀察結果，對公司未來亦具更清楚拓畫藍圖；亦透過授權，令其他核心管理階層主管共同參與討論訂定個案公司未來十年更清楚企業經營使命、價值觀、願景、目標。以企圖令其他決策主管學習決策參與，承擔經營責任。其整理如表2-2。

由上得知，個案公司因成長需求所設置之新部門「設備服務部」，按其專業內涵，是屬於高度創意創造性質工作。因此，在其領

表 2-3　Z 公司的使命、價值觀、願景與目標

使命	建構一個與客戶、同事、股東、供應商及社會共好的生態圈
價值觀	反省、創新、即時、共好
願景	高科設備優化最佳服務商
目標	培育實踐企業文化之團隊，即時妥善處理客戶需求

來源係由個案公司提供本論文研究整理

導風格是不能延續上一階段民主與專制型，而在此部門因其需要調整成趨近於放任型之管理風格，部門主管及其成員擁有高度創意創造工作自主管理之權利沿至今時。考察其領導風格，這也正是與春秋時代《老子》中所提「無為」論述「太上不知有之」[65]為管理最理想之境界。這樣闡述更進一步在西漢初「黃老治術」實踐體現「無為而治」內涵，領導者「無為」而授權予主管「有為」令其組織成員發揮高度創造力，進而以新核心能耐達成業績目標，立足適應於市場競爭。

綜合以上各時期所述，Z 個案公司歷經「草創」、「成長」、「穩定」、「轉型」這些時期不同轉變，T 領導者在因循市場變化滿足客戶需要之下，不斷學習調整，不同時期在認知決策錯誤後即當機立斷修正錯誤；也因如此，幾次的決策錯誤不致造成公司營運上無法補救之重大傷害，不同階段彈性調整之制度也使其擁有穩定資源，而致個案公司還能建立與其不同於競爭對手之核心能耐，維持一定成長並立足於市場。由個案公司在二〇一八至二〇二〇年營收與獲利相對主要競爭 W 與 M 兩家公司表現，再觀其營運績效。茲以表2-3與圖2-9，分別說明 Z 個案公司與競爭者營運績效表現。

---

65 〔春秋〕老子，〔晉〕王弼注，樓宇烈校釋：《老子王弼注校釋》，頁40。

表 2-3　Z 公司與競爭對手營收及獲利表現

營運績效＼公司別＼年份	2018			2019			2020		
	Z公司	W公司	M公司	Z公司	W公司	M公司	Z公司	W公司	M公司
營業收入	129	1,124	7,375	154	832	7,305	176	868	7,588
營業毛利率	38.85%	17.63%	11.55%	28.62%	20.03%	10.61%	39.61%	18.29%	12.34%
本期淨利率	21.42%	6.99%	3.20%	10.44%	6.92%	2.77%	17.33%	7.34%	3.63%

註：表內數值已經過倍率調整

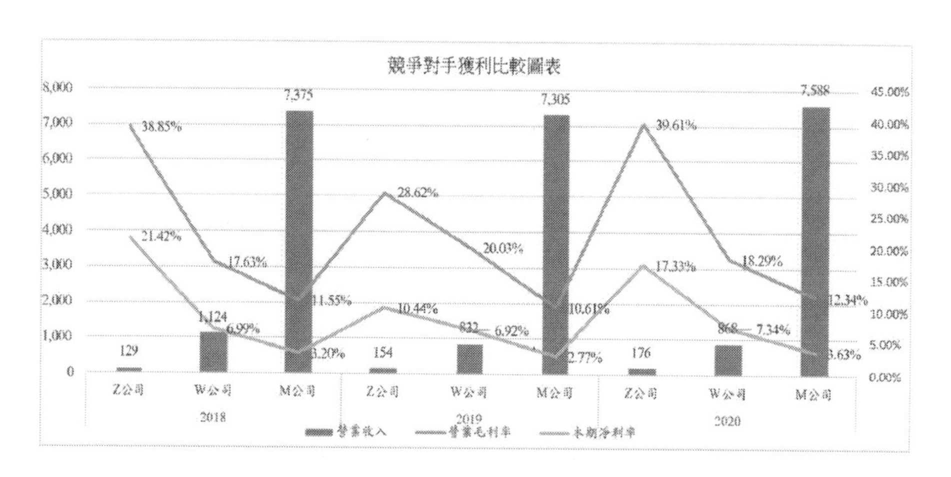

圖2-1　Z公司與競爭對手2018-2020年營收獲利圖

註：表2-3內數值已經過倍率調整。資料來源：表2-3及圖2-9資料係由本論文研究者根據 Z 個案公司提供二〇一八至二〇二〇年經營績效數字，再自行與其他競爭者於臺灣證交所公開資訊觀測站網站公佈之財報數字換算而製

Z 公司歷年營收及獲利之表現均與最大客戶 T 公司及相關國外半導體設備商共同成長。營運呈現在最終獲利績效由上圖表清楚得知，

個案公司領導者清楚明白是為後起者，所擁有之資源並無法與其他大型規模之競爭公司相比擬；這卻也使其將公司的形塑朝向小而為美路徑發展，並在核心能耐上與其他公司有差異化發展之精準定位。雖然營收數值上因有限資源而無法與另兩家主要競爭公司相較，但在反映於企業資源投入之毛利率與呈現企業最終經營績效淨利率兩個指標上卻大幅度勝出；整體而言營運表現良好，並優於競爭對手 W 及 M 公司（均為上市公司）。更由上述圖表所示之經營績效，確認個案公司在不同時所定之營運策略皆發揮一定效果，而奠定在未來營運持續開展的重要基石。

第三章
形而上：領導統御觀念對《老子》思想的詮釋

現今企業領導者在企業經營過程，其領導統御觀念影響深深企業走向與發展；同樣的概念也反映在古代君王之國家治理。而今日全球企業經營卓越領導者之統御之觀念亦與《老子》核心思想有多處相同之處。故本章即以領導者出發，《老子》思想為基礎，探討卓越領導者形塑領導力的三個要件：領導思維、領導修練、領導風格，了解領導者內化的核心價值；再以經營功過成敗的承擔力以及誠信，與《老子》思想觀念上適切程度，在以下三節中，分別展開論述。

第一節　核心標值：形塑領導力內化價值

根據現今企業對領導力的定義，是在企業經營過程中，影響領導者帶領群體成員達成所訂定目標的行為與內在核心能力。而現今企業領導者形塑其領導力所組合有三個基本要件與內化的核心價值所建構而成。如關係圖3-1。

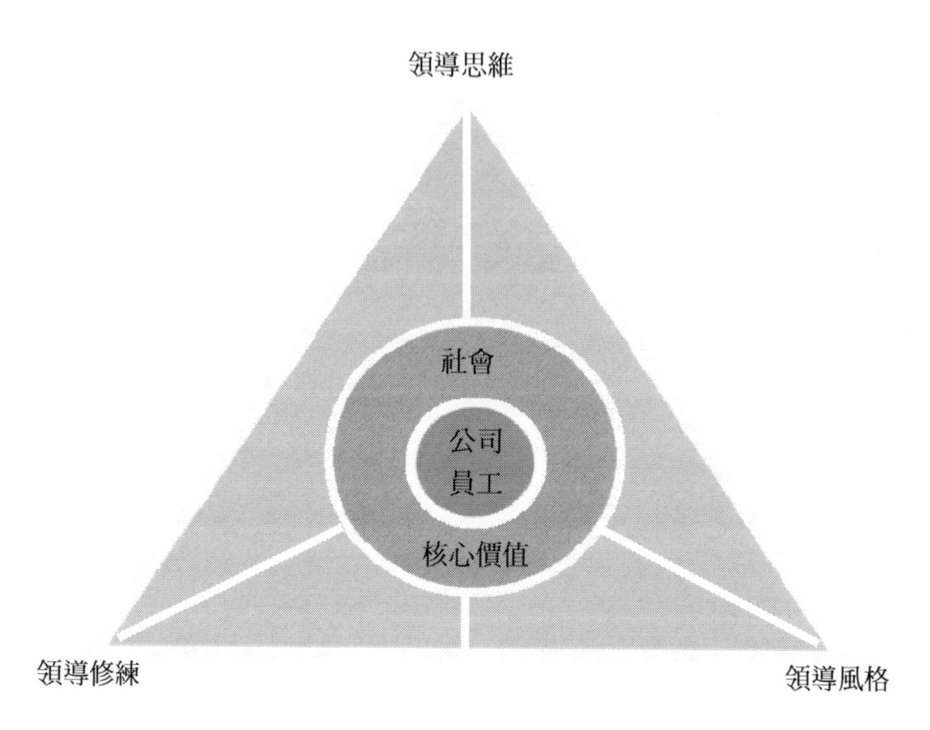

圖3-1　領導力三要件與核心價值

來源係由本文研究者因本論文研究需要所繪製之架構圖

一　領導力三要件

本節所建構現代領導力三要件之詮釋，是以圍繞老子思想核心作為研究基礎發想，再以統合全球企業經營有卓越貢獻之領導者，如：臺灣台積電創辦人張忠謀先生經營心法、日本京瓷公司創辦人，有日本商業領域經營之神稱號的稻盛和夫先生，最新總結一生企業經營管理精華之出書[1]、前迪士尼世界營運執行副總裁李・科克雷爾（Lee

1　〔日〕稻盛和夫：《心。人生皆為自心映照》。

Cockerell）管理哲學[2]與其他西方管理理論如：勒溫（Kurt Lewin）的領導風格類型理論[3]、馬斯洛（Maslow）的需求層次理論[4]以及鄭紹成教授有關企業社會責任描述相關管理策略書籍[5]相對應。現今卓越企業經營領導者在實務應用上，透過以上統合出之領導力，確實發現與對老子思想有其時代雷同相對之意義。與領導力相關之管理學論述眾多，在本文中無法全述，本論文核心及以下本節即以建構領導力的三個要件及內化核心價值，進行於老子核心思想上之研究，並再分別開展加以探討。

（一）領導思維

一個領導者重要的領導思維有三個，其一為超越二分法的包容性思維：在企業經營的領導者因決定企業最重要願景目標，然而欲達成此目標，其思維必更開闊包容，而不能陷入二分法的零和思維。這樣的精神在《老子》中已有說明。《老子》云：

> 天下皆知美之為美，斯惡已。皆知善之為善，斯不善已。故有無相生，難易相成，長短相較，高下相傾，音聲相和，前後相隨。[6]

在社會制度中，老子體察到人類對於「美」與「善」有一種絕對性選擇，而這種絕對性價值觀是老子欲以破除的。天下都知道美之所以為

---

2 〔美〕李・科克雷爾（Lee Cockerell）：《落實常識就能帶人》。

3 〔美〕庫爾特・勒溫（Kurt Lewin）：《人格的動力理論》。

4 〔美〕亞伯拉罕・馬斯洛（Abraham Harold Maslow），梁永安編譯：《動機與人格：馬斯洛的心理學講堂》。

5 鄭紹成：《企業管理——全球導向運作》。

6 〔春秋〕老子，〔晉〕王弼注，樓宇烈校釋：《老子王弼注校釋》，頁6。

「美」，正是因為存在「不美」的另一面對照。眾所周知，善之所以為「善」，也就知道什麼是「不善」的行為標準。在自然規律運行中觀察知道，「有與無是相生」、「難和易相互成就」、「長和短互相襯托」、「高和下相對而存」、「音節與聲律相互呼應」、「前與後互相隨順」，這些看似獨立對立、卻有著互相依存的相對性，都是自然中所存在不變的規律，更是隱含價值客觀中性及包容性。再詳以敘之，一般人所定義的審「美」觀與為「善」除惡之思維，這是人心選擇的體現，也是一種因應人際關係需要的社會準則。而這二分法的思維其實是相互依存，無法單獨存在。此論述，在魏晉的王弼以下之詮釋中，亦可看出有相同觀點：

> 美者，人心之所樂進也；惡者，人心之所惡疾也。美惡，猶喜怒也；善不善，猶是非也。喜怒同根，是非同門，故不可得偏舉也，此六者皆陳自然不可偏舉之明數也。[7]

王弼在此加以說道：凡美醜、善惡、有無等六者，皆不可偏向於一端，聖人所採的是中庸之舉。所以根據近代心理學觀點來對照老子之論述更可清楚知道，人類的大腦會無意識自動就看法、觀點、決策、行動與後果進行建構連結，而這樣可能引導至錯誤方向、負面判斷，有時候會被誤導而不自覺。「認知行為療法專家 D-伯恩斯（Burns, David D.）把這種狀況稱為『十種認知扭曲』，包括非黑即白的二分法思考、以偏概全、心理過濾、負面思考、對於事務斷章取義、片面妄下結論等都是。」[8]這樣的思考陷阱，可能導致我們的認知偏離事

---

7 〔春秋〕老子，〔晉〕王弼注，樓宇烈校釋：《老子王弼注校釋》，頁6。

8 摘引〔日〕清水榮司著，高宜汝譯：《怕生，其實是優勢》（臺北：方智出版社，2018年8月），頁49-67。

實真相，而通常成功的人則有能力辨別並採取並存思維的「矛盾思考」，不計任何代價避免這些思考上的錯誤。[9]通常為了使領導決策思維的結構與功能做到正確及有效溝通，近代多採用一種「五 W 模式」的決策思考過程模式。此系統性思維為美國學者 H．拉斯維爾於一九四八年在論文中，第一次提出將傳播流程建構成五種基本要素。這核心意涵是指：主要傳播者（Who）將所傳遞訊息內容（What）透過一種訊息媒介工具（Which），傳遞給主要訊息接收者（Whom），而主要接收訊息者透過媒介工具清楚明白主要傳播訊息者之傳達結果（What Effect）。根據以上傳遞過程將這些要素依序排列，而形成了今時社會大眾各領域普遍使用於決策思考分析模式，也稱「拉斯維爾程式」。[10]茲將上述五種傳遞行為繪成圖3-2的形成，更能清楚表達此結構順序傳遞流程。

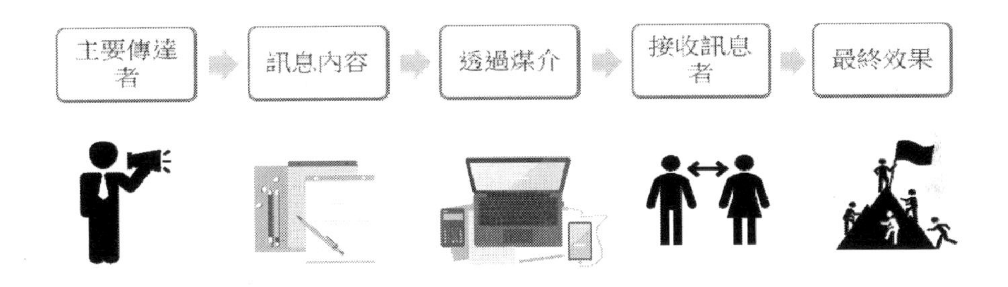

圖3-2　5W模式

本論文研究者根據5W 模式所繪製之流程圖，旨在以文字補充說明其流程

9 〔美〕黛波拉．施洛德-索勒尼耶（Deborah Schroeder-Saulnier）：《跳脫只能二選一的矛盾思考法》（臺北：商業周刊，2015年6月），頁28-30。

10 〔美〕哈羅德．拉斯韋爾（Harold Dwight Lasswell），劉海龍編譯：《社會傳播的結構與功能》（北京：中國傳媒大學出版社，2017年），頁35。

以研究 Z 個案公司為例：個案公司 T 領導者經營公司在決策形成前有一套邏輯分析心法，在公司營運流程中也使用及要求各層級主管學習以客觀、科學之「5W」模式，有系統性建立解決問題的思維工具，以替代個人容易主觀或偏頗之非系統性或是以個人情緒陳述問題方法。而個案公司這樣有系統性解決問題的思維也與老子說法有相呼應及適切之處。其二則為知足節制的生存法則思維：在現今，一個企業領導者如果沒有清楚的經營願景及核心價值，只想追求企業快速獲利成長而隨外在環境變動盲目的擴充，這很容易會將企業經營帶入無法預測的險境之中，故領導者形塑「知足」、「節制」的心性就相形重要。在中國春秋時代老子所說，即有相近論述觀點。首先，老子對於不知足所帶來的危害提出了論述。《老子》云：

> 禍莫大於不知足；咎莫大於欲得。故知足之足，常足矣。[11]

老子在此清楚指出了，最大的禍害就是來自於人心的不知足，最大的過失更是來自於人心對於欲望的貪得無厭。知道對欲望的滿足與節制，即會永遠滿足。接著《老子》又云：

> 名與身孰親？身與貨孰多？得與亡孰病？是故甚愛必大費；多藏必厚亡。知足不辱，知止不殆，可以長久。[12]

老子從人對於物質上的追求提出矛盾性的觀點：名譽與生命相比，何者值得珍惜？生命與物質上的財物，何者寶貴？得到和失去，何者有害？也就是說：過分的追逐外在物質上的事物，必然耗盡精神；儲存

11 〔春秋〕老子，〔晉〕王弼注，樓宇烈校釋：《老子王弼注校釋》，頁125。

12 〔春秋〕老子，〔晉〕王弼注，樓宇烈校釋：《老子王弼注校釋》，頁121。

過度的財富，必然遭致嚴重損失。因此，對於外在追求，知道滿足就不至於遭受辱沒，懂得一切適可而止就不會招來危害，這既可保持長久存在。老子以名譽和生命、生命和財物、得到名位與失去生命來作以喻，從中感悟出這些事物究竟什麼才是最重要的。在這論述清楚指出，只有「知足」、「節制」精神上才能感受到滿足，也才不會因極端追求外在物慾，而遭受傷害。最後，老子再提到，作為一個治理國家的君王要順應自然、以身作則。《老子》云：

> 不尚賢，使民不爭；不貴難得之貨，使民不為盜；不見可欲，使民心不亂。是以聖人之治，虛其心，實其腹，弱其志，強其骨。常使民無知無欲，使夫智者不敢為也。為無為，則無不治。[13]

老子提出，君主不刻意推崇有才德的人，百姓就不會因名利而互相爭奪。不看重稀有難見的財物，百姓就不會去做盜竊的行為。不顯露過度的欲望，百姓則不會起多餘貪婪之心。所以，推行政事的原則是：弱化百姓內心欲望，滿足基本溫飽需要，削弱追逐名利的想法，強健百姓的筋骨體魄。長期一來，百姓即能滅去其追逐名利欲望，聰明之人也不會妄作事端。君主以順應自然「無為」的法則推行政事，國家沒有治理不好的。也就是說：作為治理國家者在方法上不要刻意標榜，規範什麼是賢能、尊貴，不要去追逐貴重的物品。先安定好自己內在心靈，百姓自然就會起而效之。王弼對此亦提出觀點闡述之。王弼注釋曰：

---

13 〔春秋〕老子，〔晉〕王弼注，樓宇烈校釋：《老子王弼注校釋》，頁8。

賢，猶能也。尚者，嘉之名也。貴者，隆之稱也。唯能是任，尚也曷為；唯用是施，貴之何為。尚賢顯名，榮過其任，為而常校能相射。貴貨過用，貪者競趣，穿窬探篋，沒命而盜，故可欲不見，則心無所亂也。[14]

王弼再補充說明指出：「尚賢」、「貴貨」都是來自於過度的欲望，這只會帶來爭奪；領導者要摒除不必要的標榜及追求，百姓亦不會去揣摩跟隨上意，跟隨它的行為。而在近代，被譽為日本經營之神之稻盛和夫在其所撰之經營哲學書中，也有類似於老子論述的領悟：

「知足」，延伸出人類界所缺乏的「節制」。自然界的生靈萬物，為了生存，會作出最低限度的努力，但絕不會做出讓欲望無限擴大的行為，因為他們擁有「知足」的本能。[15]

在觀察 Z 個案公司公務車輛與 T 領導者租賃自用車使用的細節而發現，一切使用均以「效能」與「安全」為前提。而不以炫耀職位身分為主要考量。再以庫存管理為案例：個案公司每週要求第一線服務單位及時更新使用需求，並按各專案工程高低峰期只彈性預備百分之五至二十的庫存，這樣的管理模式充分落實在個案公司經營管理各層面。其三，為少私寡欲的削減思維：將「知足」、「節制」論述層次提升向上開展到領導人當與自身利益發生衝突時如何解決，相同的老子亦有論述對策。《老子》云：

絕聖棄智，民利百倍；絕仁棄義，民復孝慈；絕巧棄利，盜賊

14 〔春秋〕老子，〔晉〕王弼注，樓宇烈校釋：《老子王弼注校釋》，頁8。
15 〔日〕稻盛和夫：《心。人生皆為自心映照》，頁115。

> 無有。此三者以為文不足。故令有所屬：見素抱樸，少私寡欲，絕學無憂。[16]

老子認為君主要杜絕聰明和拋棄知識上的巧辯，百姓就能得到甚多的利益。絕棄仁義，百姓才能恢復孝慈的天性。拋棄人為巧詐及私利，盜賊也就因此不會產生。以「聖智」、「仁義」、「巧利」這三點作為政治治理法度準則是不夠的。因此，要使百姓的心理在認知上有所歸屬，也就要保持一個純淨樸實與減少節制欲望，要廢棄人為建構聖智仁義的理法。換言之，「聖智」、「仁義」、「巧利」這些欲望的追逐是永無止境的，以「絕棄」來達到少私寡欲的境界。而這論述在以下王弼的注釋中亦有相同看法。

> 聖智，才之善也。仁義，人之善也。巧利，用之善也。而直云絕，文甚不足，不令之有所屬，無以見其指，故曰，此三者以為文而未足，故令人有所屬，屬之於素樸寡欲。[17]

王弼進一步提到，領導者主觀上執著於聖智、仁義、巧利這些的標準，是遠遠不足的。最好的方法是回返真心的樸實無華，回歸自然的本性。減少私欲至沒有自己的欲念，才是真正的自然之道。所以在近代日本稻盛和夫的「京瓷哲學」心法中提到相似觀點：

> 私心、利己、獨善其身，諸如此類執著一己之私的行為，正是人類欲望的真實呈現，所以要降低欲望，必須削減自我的占

16　〔春秋〕老子，〔晉〕王弼注，樓宇烈校釋：《老子王弼注校釋》，頁45。

17　〔春秋〕老子，〔晉〕王弼注，樓宇烈校釋：《老子王弼注校釋》，頁45。

> 比，空的位置留給值得擴大領域的真我。[18]

研究觀察 Z 個案公司領導者在此的作為：T 領導者深深明白人心是自私的，因此對於「縮小自己、讓利他人」的捨自我之小利，求眾人共同利益之事總是放於最優先。一家企業經營能夠穩定成長，在公司內部除了依靠在穩定股權結構決策外，另一個重要因素就是來自於股東之間的和諧相處；T 領導者深知雖然每位股東權益是平等的，但自己必須以身作則將其他股東利益放至高於自身利益之上，這樣才能贏得相互信任與支持，公司也才能得以走得長遠穩定。從下列兩個事件來探究其影響：

1. 事件一：以身作則，將自身一定百分比股東分紅配息另外保留下來。宣示承諾在公司需要資金周轉時優先來對經營做出承擔負責。

2. 事件二：二○一一年董事會主動為 T 領導者調整提高薪資及績效獎金結構，T 領導者感謝後婉拒其好意，而轉給其他優秀員工。T 領導者知道必須捨自身之小利，而求多數人之利益，而這樣的取捨也換來了多贏及公司長期穩定。

在對外的部分如果每一次交易都只想的是從客戶身上得到利益，那這樣的生意不會長久，與客戶的關係很難緊密維繫；最好的客戶關係是每一次交易服務的過程讓客戶滿意。而這樣滿意的秘訣就是「讓客戶覺得占到便宜」，Z 個案公司 T 領導者就是以這種方法在經營重要及關鍵客戶。以求取與客戶建立長期的夥伴關係。

如上所述，「知足」在中國春秋時期老子所說的就是「寡欲」，而「節制」即為老子所說之「知止」。「知止」也就是一切要合理，適可

---

18 〔日〕稻盛和夫：《心。人生皆為自心映照》，頁117-118。

而止。由此可知，企業呈現什麼樣的樣貌，端看領導者的心性。

（二）領導修練

一個企業領導者在邁向卓越領導前，必然的須先建構修練好基本功。老子以為修練基本功是一種循序漸進，循環往復達成的過程。這循序漸進、循環往復更是隱含返回到自己內心原點，一種從內在出發的「反省」覺醒。《老子》云：

> 反者，道之動也。[19]

老子以自然發生的現象覺察指出，自然有一種循環往復、相互作用的動力。再進而闡述之，反看似指道的「返」樸歸真，但亦提醒領導者要時時自己「反向」思考，回到自己最初的發心，也就是「無為」。再進一步延伸思考，這含「反省」之精神，也讓領導者避開失敗之路徑。針對此修練過程，老子提出了看法。《老子》云：

> 自見者不明；自是者不彰；自伐者無功；自矜者不長。[20]

老子以對於人的主觀上四種行為與自然之間存在矛盾衝突觀察提到，只看見自己是不能明辨事理的；自以為是的人是無法清楚分辨是非的；自我誇耀的人是沒有辦法成功的；驕傲自大的人更不會成長。要消弭這四種行為的修練基本功，首要階段重點必須先自我覺察，在心中不要存有「頑固偏執」、「自以為是」、「誇耀攬功」、「驕傲自大」四種不好的習性。《老子》補充敘之：

---

19 〔春秋〕老子，〔晉〕王弼注，樓宇烈校釋：《老子王弼注校釋》，頁109。

20 〔春秋〕老子，〔晉〕王弼注，樓宇烈校釋：《老子王弼注校釋》，頁60。

> 不自見，故明；不自是，故彰；不自伐，故有功；不自矜，故長。[21]

不以自己所見，反而對事物看得更清晰明辨；不自以為是，反而能夠明辨是非；不自我誇耀，反而更能夠得到功勞；不驕傲自大，也因此虛心再成長。老子再提到領導者依循客觀自然規律去除以上四種不好的習性，才能修練做好領導基本功。而在建構這些基本功後邁向卓越領導者心性修練過程，接著《老子》又云：

> 致虛極，守靜篤。[22]

盡力使心靈達到一種虛靜極致，保持一種清淨安定的狀態。更深一層說明「虛」與「靜」最高的境界，即是「無」。而「致」與「守」闡述的是一種功夫動作，也就是「有」。而老子認為領導者邁向卓越領導所需建構的心性，除了外在行為上表現出謙虛外，更重要的是以一種透過實踐的功夫「無不為」，循環往復藉以提升達到內在心靈層次安定平衡的狀態境界的「無為」。對此，王弼亦說：「言致虛，物之極篤；守靜，物之真正也。」[23]王弼上述所言，是指人要回到內在虛空，其寧靜的狀態與老子闡述卓越領導所需建構的心性實有其相同看法；再與現今世界知名企業經營領導者所提之實務心法亦可以相互來映證。日本稻盛和夫先生在領導修練上經營管理的論述：

> 領導者應該謙虛，應該為企業、為社會用好自己的才能。應該

---

21 〔春秋〕老子，〔晉〕王弼注，樓宇烈校釋：《老子王弼注校釋》，頁55。
22 〔春秋〕老子，〔晉〕王弼注，樓宇烈校釋：《老子王弼注校釋》，頁35。
23 〔春秋〕老子，〔晉〕王弼注，樓宇烈校釋：《老子王弼注校釋》，頁35。

> 成為能夠深刻思考的人，就是在痛苦掙扎中，在摸爬滾打中，孕育創造性的人。[24]

作為領導者，除了有能力、有指揮才能外，更應該要謙虛，絕不能炫耀才華、傲慢不遜，這就是理想的領導者。

研究 Z 個案公司的每一個階段發展歷程發現，個案公司在創立初期，因 T 領導者為求庫快速擴張，急欲看見經營成績，反而導致兩項重大決策錯誤。其一為二〇〇五年貪心選錯客戶導致被惡意倒債；其二則為二〇〇六年未能謹慎評估公司資源能力，而貿然西進導致錯估市場投資失敗返回。這兩次錯誤險些將公司帶進絕境之中。而這兩次的決策錯誤皆指向關鍵核心問題，起因於 T 領導者的「過度貪婪」、「自以為是」。而後以營收及銀行返還借款負債表現的指標來看，T 領導者在這兩次事件中確實學習到深刻教訓而迅速進行調整，讓公司很快走回常軌之中。

由上所述現今世界知名經營之神及個案公司之領導者經營所證，在老子所提的向內求靜同時，「不頑固偏執」、「不自以為是」、「不驕傲自大」、「不誇耀攬功」的修為已經涵蓋了現代企業經營領導者所需的基本功。

（三）領導風格

領導風格是一個企業領導者經營企業人格特質，也可以說是個性的展現。在現今複雜多變的經營環境中，一個卓越領導者的領導風格必須是隨外在及組織需要因時因勢調整的，絕不會是僵化一成不變。

---

24 〔日〕稻盛和夫：《心法之肆：提高心性拓展經營》（北京：東方出版社，2016年），頁115。

然而對於領導風格在春秋時代老子有其重要的主張與論述詮釋。《老子》云：

> 太上，下知有之；其次，親而譽之；其次，畏之；其次，侮之。[25]

老子以所處春秋晚期觀察統治者治國的主張，並將其分類。最高明的統治者，百姓以知道有君主存在。次一等的統治者，百姓願意親近並稱頌他。再次一等的統治者，百姓害怕恐懼他。而最差的統治者，百姓皆辱罵輕蔑他。在此老子特別強化其在治國上，所需採取的最高明及最佳策略亦是「無為而治」的觀念。也就是君王不需將自己主觀意識強加及干預百姓行為，順應自然之勢讓百姓去發展，使百姓只知道有君王，但卻感受不到君王在政治上的過度壓制。而對此，王弼亦做出補充說明。王弼注釋曰：

> 大上，謂大人也。大人在上，故曰大上。大人在上，居無為之事，行不言之教，萬物作焉而不為始，故下知有之而已，言從上也。不能以無為居事，不言為教，立善行施，使下得親而譽之也。不能復以恩仁令物，而賴威權也。不能法以正齊民，而以智治國，下知避之，其令不從，故曰，侮之也。[26]

以上可以從王弼的注釋中得到對老子關於領導者在治國上所採行的最好手段──「居無為之事，行不言之教」的呼應。從這樣的觀點再看到現今經營管理所呈現的高度複雜性，好的領導者要懂得「因時」、

25 〔春秋〕老子，〔晉〕王弼注，樓宇烈校釋：《老子王弼注校釋》，頁40。
26 〔春秋〕老子，〔晉〕王弼注，樓宇烈校釋：《老子王弼注校釋》，頁41。

「因勢」調整領導風格的必要性。根據近代西方勒溫（Kurt Lewin, 1939）在領導風格研究中，提出有三種領導類型：專制型、民主型、放任型。[27]其中所提之「放任型」領導風格，更趨近於老子所論述最高明之「無為而治」的論述。因此，首先說明放任型領導風格（Laissez-Faire, Free-Rein）：放任型是指一個群體之成員可以按其天賦、想法或是專長來充分發揮藉以達成共同目標，而此時的各項策略方法決定權在群體中每一位成員身上。領導者角色轉換領導方式為諮詢教練或顧問，且其身分並不在團隊當中，排除了獨斷專權的執行意志。順應團隊成員的專長及優勢並讓其自然發揮。這樣的領導風格，沒有清楚領導規則可循。而這種「放任型」的領導風格，林安梧對道家式管理的看法有相近之論述。林安梧說：「道家式管理不是逃遁世間的思想，它是注重我們如何存在境域恰當的互動、關聯，而讓生命得以休息、安頓、生長。運用到管理上來，它著重的是如何『以生長替代競爭』、『以自發替代控制』、『以可能性替代必然性』，這就是指向一『無計畫之計畫、無組織之組織、無控之控制、無領導之領導』或是可以說這種管理哲學是一種『無管理之管理』。」[28]然而在現代企業經營中，必須建立起一致「價值觀」，同時確認具備自我領導與管理職能，團隊每一位成員清楚須完成共同之目標，而領導者就可以不用去干預及明確給出成員正確方向指示，所以此型領導風格僅侷限於現今企業經營穩定時期。

研究 Z 個案公司 T 領導者為例發現，領導風格會隨企業經營時期不同而有所轉變。公司進入穩定期，這時期領導風格必須隨公司設定不同階段願景目標而在民主型、放任型之間混合調整及改變，請注意此期間的放任型式管理並非是全然不管置身事外，反而是趨近於老

---

27 〔美〕庫爾特・勒溫（Kurt Lewin）：《人格的動力理論》，頁65-108。

28 林安梧：〈道家思想與現代管理——以老子《道德經》為核心省察〉，頁106-107。

子思想核心「無為而治」的一種領導方式。二〇一三年 Z 個案公司經營進入了穩定成長時期，T 領導者為兼及公司發展與培育後進主管領導職能，以核心能力投入了非擅長的食品相關行業。沒有任何理解狀況下，自以為是充分授權，將公司全然交由沒實質領導與管理經驗的主管營運。在後續公司運作近三年間，由開始的充分授權完全尊重主管的決策來營運，而後逐漸發現主管能力並未因隨之授權進一步培育提升，導致經營績效不佳，終究決定關閉結束公司營運。事後反省檢討，除錯置核心能力外，另一錯誤則是 T 領導者作法上將充分授權之理解誤用，自以為這樣尊重趨近放任同仁創意想法及不干預經營即是一種好領導者的模樣及承擔。在必須兼具現實績效下並未意識到其實這是一位領導者的失能及失職。

表 3-1　個案公司各時期領導者風格

Z 公司企業經營期	領導者風格模式
創立期	專制型
成長期	民主型為主＋專制型為輔
穩定期	民主型＋放任型混合調整
轉型期	專制型為主＋民主型輔

本表為個案公司領導者整理提供分析資料

以下就勒溫的管理著作，撮要如下：

專制型（Autocratic）：專制型是指一個群體的決定權在這個團隊最高領導者個人身上，其領導者之性格即會決定最後決策結果之品質成敗。在這時期，領導者關心的多是工作效率，任務是否完成，聚焦在於團隊的「事」；至於團隊「人」的部分並不是領導者所關心的重心。也因此，在此類型的領導風格之下，一般工作目標方向都由領導者制定，團隊成員並沒有參與甚至決策的權力，且通常成員在團隊中所提之建議，被領導者所接受機會並不高。而在現今企業經營管理中，專制型較適合於企業開展初期、企業之轉型期與遭遇經營危機需要快速的果斷力時之領導風格。最後要說明的是民主型（Democratic）：民主型是指一個群體的決定權在這個團隊的全體成員身上，領導者最重要的工作方針乃是成為一個團隊成員之間的「協調者」，所聚焦的團隊重心在「人」。在經驗法則這類型的領導風格之下，一般團隊成員擁有很高的團隊目標訂定權，能進行一般的資源調配，領導者也會以成員所提建議為主。在企業進入成長及穩定期之經營實務上，按企業決策層次的重要性，採用民主型之領導風格，以採擴大不同思維、不同專業之背景成員參與決策，亦可見其良好效果。惟缺點部分，可能會造成決策緩慢與無人承擔決策執行最終成敗結果，則須加以防範。

研究 Z 個案公司 T 領導者可再發現，在公司創立初期，領導者所面對的只有一件最重要的事情，就是讓公司「生存」下來。因此所有執行必須被清楚貫徹，這時期領導風格是以專制為主；當公司進入了轉型的「變革期」，經營風格會再明顯回到專制型，強力執行及承擔各項變革政策品質以達成設定目標。（如上表3-1）。

在春秋時代，雖然老子以「無為而治」作為君王治國最高領導風格之主張。然而現代的企業經營管理隨文明演化而複雜度越來越高，也因企業領導者風格不同而異，所以不可能以一種領導風格套用於企業團隊中的所有成員。因此在實際的組織與企業管理中，為了適應社會及產業快速變化甚少有具兩極化極端型的領導風格，多數領導者往往都界於專制型、民主型和放任型之間的綜合型。以現今普遍企業所面臨的幾個經營時期區分來看領導者的經營風格，領導者必須更審時度勢具彈性權變，才能適應現今快速詭譎多變的經營環境。

二　領導者核心價值

企業經營是以透過訂定及完成清楚願景目標來實現每個領導者的核心價值。換句話說，領導者的核心價值觀是透過實踐所設定的願景目標而呈現。而無論時代如何演變，對於每一個企業領導者而言，都會有一共通且貫穿企業內外與社會連結的核心價值，並可分成內外加以說明。

（一）內以訂定與時俱進的員工福利政策

「員工」是企業經營的根本。在現今社會的氛圍更重視以照顧「員工」為前提的基本福利，培育並提供「人才」可以發展的職涯規劃的並行政策。企業經營領導者首先要獲得員工發自內心的認同，這樣的精神表現分別在東西方不同時的空中得到印證。老子針對「有德」、「無德」的觀念及行為上之區別做出闡述。《老子》云：

> 上德不德，是以有德；下德不失德，是以無德。上德無為而無以為；下德為之而有以為。上仁為之而無以為；上義為之而有以為。上禮為之而莫之應，則攘臂而扔之。故失道而後德，失德而後仁，失仁而後義，失義而後禮。夫禮者，忠信之薄，而亂之首。前識者，道之華，而愚之始。是以大丈夫處其厚，不居其薄；處其實，不居其華。故去彼取此。[29]

有「上德」者，因為了解「道」的本質，所以不會刻意的表現外在德性，因此是「有德」的。有「下德」者，以外在行為刻意表現出德

29 〔春秋〕老子，〔晉〕王弼注，樓宇烈校釋：《老子王弼注校釋》，頁93。

性，實際上卻是「無德」的。「上德」者因循自然之無心無為。「下德」者因循自然而卻有心有為。「上仁」者，廣施仁愛於人卻不是為私心圖己而為。「上義」者，廣施信義於人卻是懷私心圖己之目的。「上禮」者，最講究禮儀於人想有所作為卻得不到眾人回應，於是伸出臂膀強拉眾人尊敬他。因此，失去了「道」天下然後才有「德」，失去「德」才有「仁」，天下沒有「仁」而出現「義」，連「義」都失去了，天下只剩下「禮」。只講「禮」，這是忠信衰退的種制度規範，禍亂的開端。事實上並沒有所謂的先知，這只不過是看見「道」的表徵而已，這正是自欺欺人愚昧的開始。大丈夫立身處世敦厚，不要居於浮薄；心存樸實，不要居於虛華。所以，捨棄「禮」、「義」、「仁」、「下德」的浮薄虛華而採取「上德」的敦厚樸實。老子認為，在上位領導者要發揮其影響力並建立在部屬心中很自然的認同與其領導，最重要的方法就是因循客觀自然的無為轉化為「以身作則」。對於部屬及員工的照顧關心一切發自於內心真誠自然，並非有意去作為的。接者，老子又再進一步闡述：

> 故貴以賤為本，高以下為基。是以侯王自稱孤、寡、不穀。此非以賤為本耶？非乎？[30]

君主以百姓為根本，居高位者是以處下者為基礎；百姓安定，各安其所的「無不為」，而令統治者得以穩固根本。這方法即是「無為」。也就是如此，王侯謙卑的自稱「孤」、「寡」、「不穀」無德之人，這不正是以百姓為根本，不是如此嗎？在此老子已經闡述得非常清楚，「貴以賤為根本」、「高以下為基礎」，所以身為領導者治理國家必須「以

---

30 〔春秋〕老子，〔晉〕王弼注，樓宇烈校釋：《老子王弼注校釋》，頁105。

民為根本」很謙虛貼近百姓對其表達善意。最後老子提到一個好的領導者必須有一個清楚以「以民之需要」為核心價值，並對其做出重要闡述說明。《老子》云：

聖人無常心，以百姓心為心。[31]

領導者不會有自己執著固定的想法，他必須真正去了解民意的，將百姓真實需要及想法作為自己最重要的治國參考。聖人去除自己私心欲望，也就是「無」更進一步，才能容納百姓的「有」。而對此，王弼也再加以清楚說明。

王弼注釋曰：「動常因也。」[32]領導者不會按照自己的好惡去塑造並影響治下的臣民百姓，而這樣的觀點呼應也對照了老子的論述看法。

以上再對照現今企業經營領導者，就必須清楚了解「員工」對企業發展的重要性。企業領導者領導力與形塑的組織環境對員工所表現出行為、績效良窳息息相關。張潤書說：「領導者所建構的組織，於組織內之行為是從事於研究組織背景中工作人員行為、態度、績效，組織與非正式團體對於工作人員知覺、感情、行動的影響，環境對於組織與其對於人力資源與目標影響，以及工作人員對於組織及其效能影響。」[33]這也就再次說明了企業要長期穩定發展是在於領導者對內以照顧好員工，讓員工適所適能發揮才是能穩固企業生存之根本。前迪士尼世界營運執行副總裁李・科克雷爾（Lee Cockerell）有一句名言：

31 〔春秋〕老子，〔晉〕王弼注，樓宇烈校釋：《老子王弼注校釋》，頁129。

32 〔春秋〕老子，〔晉〕王弼注，樓宇烈校釋：《老子王弼注校釋》，頁129。

33 張潤書編譯：《組織行為與管理》（臺北：五南圖書出版公司，1985年），頁4。

照顧好你的員工，你的員工就會照顧好你的公司。[34]

在迪士尼企業中會發現，如何教育並管理員工，培養員工解決問題的能力，甚至培養領導力，是最重要的事。因為深植在每一位迪士尼員工的信念是：「迪士尼的魔法是源自於影響力。」把員工基本需要照顧好，無後顧之憂，服務品質就會好。如果你有去過迪士尼樂園，可能會發現裡頭的員工從撿垃圾到遊樂設施營運，每一個細微之處都不放過，像瑞士錶一樣精確運行。他們會這麼做是為了創造遊客在渡假村的美好感受，而在創造這樣的感受之前，每個員工也都是被這樣對待，至高無上的照顧和尊重，而在自我實現後達到精神層次上滿足。呼應領導者以照顧員工需求為核心應用的理論，亦是延伸自西方，馬斯洛在一九四三年根據人類社會活動需要所提出的五種需求層次理論。包括：生理、安全、社交、尊重及自我實現。[35]如圖3-3所示。

---

34 〔美〕李・科克雷爾（Lee Cockerell）：《落實常識就能帶人》，頁28。

35 〔美〕亞伯拉罕・馬斯洛（Abraham Harold Maslow），梁永安編譯：《動機與人格：馬斯洛的心理學講堂》，頁36-47。

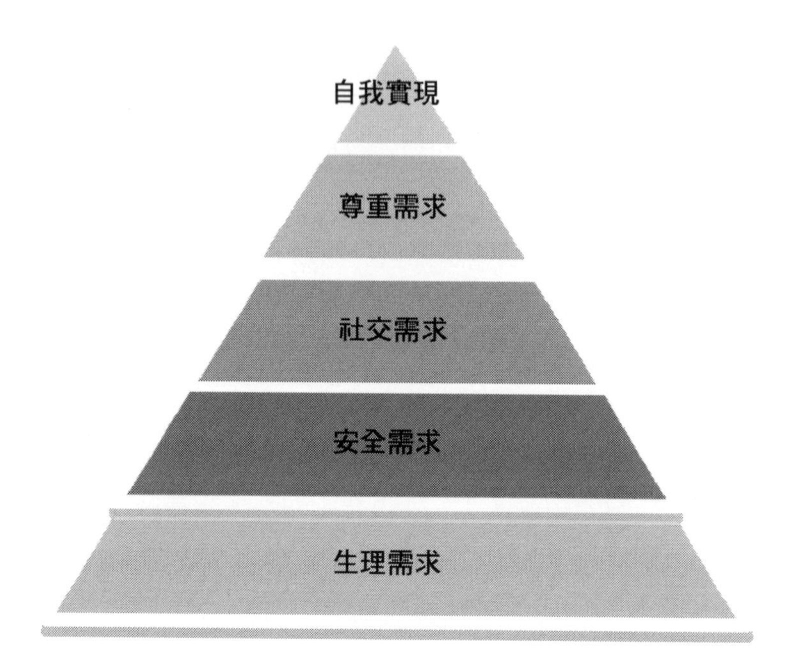

圖3-3　馬斯洛需求理論層次圖

來源為研究者根據《動機與人格：馬斯洛的心理學講堂》中所述人類五種需求層次與關係所整理繪製。

根據其闡述的理論，在生理及安全兩項需求層次論述中可以與老子以照顧滿足百姓基本生存層次需要、自我實現最高需求層次思維的闡述相互得到印證。首先闡述生理及安全需求：生理需求（Physiological needs），這是人類最基層次的需求，通常是滿足生理需要，也是最基本的生命生存需求。如：進食、飲水、呼吸、睡眠。安全需求（Safety Needs），這相同屬於較低層次的需求，這時期需求已經超過生理需要，並以滿足心理需求為前提，這其中包括對人的生命安全、工作穩定以及生活環境免於遭受痛苦威脅、身體健康以及自身財產受到保障等有關的事情。

研究 Z 個案公司核心價值在對內員工照顧部分來分析，公司創立初期隨發展需要，T 領導者根據以下四項條件，來訂定滿足不同能力員工各種不同需要的照顧政策以達成公司發展目標。一、西元二○○○年後，透過網路及媒體的發達及傳播影響，臺灣社會越趨傾向強調追求公平正義的整體社會氛圍狀況快速建立。二、以科學園區內主要大型公司福利政策遠優於社會上一般公司。三、優於競爭公司福利政策條件會是 Z 個案公司給予員工福利重要的參考標準。四、Z 個案公司會根據每年獲利狀況，及現實資源能力去動態調整員工的福利政策制度。根據上述四項條件，彙整出 Z 個案公司之福利制度，如表3-2所示。

表 3-2　Z 個案公司以不同需求層次滿足員工需求之內容

<table>
<tr><th colspan="5">馬斯洛需求層次</th></tr>
<tr><th>生理需求</th><th>安全需求</th><th>社交需求</th><th>尊重需求</th><th>自我實現</th></tr>
<tr><td colspan="3">固定薪資</td><td>專案部門主管管理養成教育訓練</td><td>高階主管客製化教育訓練</td></tr>
<tr><td colspan="2">績效獎金</td><td>聚餐、下午茶</td><td>員工分紅制度</td><td>員工入股制度</td></tr>
<tr><td colspan="2">勞／健／團保險／退休金</td><td>國內外旅遊</td><td>生日假+健康檢查</td><td>志工假</td></tr>
<tr><td colspan="2">專業技術職教育訓練</td><td>週工時38hr</td><td>特別海外旅遊假</td><td></td></tr>
<tr><td colspan="2">三節、婚慶禮金、喪病慰問金</td><td>優於勞基法特休假</td><td>進修深造成績績優獎助學金</td><td></td></tr>
<tr><td colspan="2">急難救助金</td><td></td><td></td><td></td></tr>
</table>

本表為根據個案公司提供內部資料而整理

在表中所述之個案公司依經營需要所歸類於生理及安全需求之福利政策即是以照顧員工為前提所制定。再進一步說明其他三種需求層次：

社交需求（Love and Belonging Needs），這階段屬於較高層次的需求，通常是在滿足心理及生理需求後之需要。如：對人與人之間關係建立，包括朋友間情誼交際需求、男女愛情需要以及其他社會制度運作下各種關係的需求。

尊重需求（Esteem Needs），這階段屬於在高於社交層次較高的需求。如：成就、名譽、職位和升職機會等。尊嚴需求就是一個人對自我價值或成就肯定的一種情緒感知，而這也涵蓋了他人對自我的認同、尊重表現。

自我實現需求（Need for Self-Actualization），這是需求最高層次，包括一個人在滿足基本生理及心理並達到他人肯定等尊重需求後針對於圓滿的真善美人生境界的需求。這亦說明了老子思想中，企業經營領導者展現的「無為」思維，「無不為」賦予員工藉由發揮潛能，達成個人自我理想抱負實現的空間。在滿足前面四項需求後，最高層的自我實現需求才夠能夠相繼獲得彰顯。而這也是一種衍生性需求如：設定目標，自我挑戰；發揮潛能，超越極限等。馬斯洛的需求層次理論在各領域企業經營範疇充分被廣泛運用，特別是在企業領導者會依照組織內員工人格特質、績效表現，員工自我實現等，給予定位不同需求內容層次。在社交、尊重較高層次乃至於自我實現最高的層次需求，通常需要藉由設定高目標績效達成來吸引高需求及期許類型員工來完成。在Z公司個案列表中亦可見其脈絡。例如：爭取較高職務、生日假、志工假、特別海外旅遊、員工分紅制度、公司股票認購制度、客製化教育訓練等。

老子「以民為本」的論述在與近代需求理論中相對應，雖然滿足經濟層次上生存的生理及安全基本需求，這類需求通常藉由一般工作目標高低達成來滿足。例如：固定薪資、年資、基本福利保障等。另一方面，老子則以精神層次適切說明如何呼應自我實現的內涵。從世界知名企業經營及個案公司研究發現，因應快速競爭，複雜多變的經營環境，更積極的給予更多及更高層次誘因，來滿足不同需要的員工，透過自我實現，達成企業經營目標願景。

（二）外以實踐企業社會責任為終極目標

解決社會問題為企業經營的責任之一，而再以現代領導者在企業經營說法，即為企業在營利並照顧員工後所承擔的「企業社會責任」。這在老子的言論中亦有以下兩段類似現今「社會責任」但不同層次精神之描述。《老子》云：

> 是以聖人常善救人，故無棄人；常善救物，故無棄物。是謂襲明。[36]

老子對自然無為觀察，引申對於領導者「善」的行動詮釋。正因為聖人善於救助於人，所以沒有被遺棄之人；擅長於利用器物，所以沒有被拋棄的器物。這是超越一般人的行為，也是因循自然的常理。在此老子提到，一個高明的領導者是經常善於挽救人的，所以他從不拋棄人；他也善於挽救物，所以他從不拋棄物。這清楚的描述了一個領導者的兼善天下的核心價值。對此，王弼也有其進一步更深入的看法。王弼注釋曰：

> 聖人不立形名以檢於物，不造進向以殊棄不肖，輔萬物之自然而不為始，故曰無棄人也。不尚賢能，則民不爭，不貴難得之貨，則民不為盜，不見可欲，則民心不亂。常使民心無欲無

36　〔春秋〕老子，〔晉〕王弼注，樓宇烈校釋：《老子王弼注校釋》，頁70。

惑，則無棄人矣。[37]

王弼認為，領導者要兼善天下的最好策略應該是，以無知無欲、樸實無華，並以身作則、不須刻意標榜，很自然成為百姓追隨的榜樣，這樣天下自然就無人需要挽救，無人會被拋棄。而對於領導者兼善天下核心價值，老子有更深的論述。《老子》云：

聖人不積，既以為人己愈有，既以與人己愈多。[38]

聖人從來就不會私自積藏，而是知道要盡力去幫助及照顧他人，自己就會越得到滿足；越是盡力給予他人，心靈也越是感受豐富。在老子的這段論述可以清楚了解，真正卓越領導者是沒有私心的；他很清楚知道，越是願意付出不求回報自己就越是充足，越是給予自己也得到更多。而這與王弼以下看法有相互對應，王弼注釋曰：「無私自有，唯善是與，任物而已。物所尊也。物所歸也。」[39]

在現今目前企業社會責任並沒有可公正參考規範定義依循，但可以由人的道德行為延伸至規範一般企業。而賦予企業更高、超越道德、法律及公眾要求的規範準則，從事營利行為時亦必須多方考量到對各相關利益或利益侵害者所造成的影響，因此企業社會責任的基本雛型是建立於從事營利事業運作必須合乎可不斷持續營運生存的概念，所以企業對內除了評估企業的財務和體質外，對外也必須參與投入對整體人類和環境所造成的衝擊效應評估。

在臺灣政府部門掌管有關公司治理的監管單位對「企業社會責

37 〔春秋〕老子，〔晉〕王弼注，樓宇烈校釋：《老子王弼注校釋》，頁71。

38 〔春秋〕老子，〔晉〕王弼注，樓宇烈校釋：《老子王弼注校釋》，頁192。

39 〔春秋〕老子，〔晉〕王弼注，樓宇烈校釋：《老子王弼注校釋》，頁192。

任」[40]（Corporate Social Responsibility, CSR）作出解釋：企業社會責任是一種形塑企業應該具備對社會付出的道德感，主觀認知理論，主要討論範圍觸及政府、合資企業、團體及個人是否有應當有責任對社會投入回饋行為，可區分為積極與消極兩面：積極是指有責任回饋（社會活動）；消極則不需要。這亦說明企業營運應承擔對於環境（Environment）、社會（Social）及治理（Governance）之責任義務，也就是營運獲利對內照顧員工、回饋股東利益的同時，不能迴避的還要承擔對外社會與自然環境之企業應負起之責任，這含括遵守商業經營行為中之道德規範、營運安全規則、各項從業健康衛生條約、保護從事勞動付出者的基本合法權益、有效率節約並不掠取社會及環境資源等。

鄭紹誠教授則對「社會責任」[41]（Social Responsibility）一詞有更簡單清楚描述：泛指個人或企業協助社會解決問題所承擔的責任義務。企業從事營運活動而獲得利益，這需要獲得政府及社會或社區個人資源來協助完成，例如：政府提供公共設施資源水電、瓦斯管線設施鋪設，基本道路橋樑架設，社會大眾支持及社區人物力資源投入協助等。因此企業回饋社會是必要的經營責任之一。而在榮泰森教授更進一步指出企業社會責任有四種類型，摘要說明如次：經濟責任：（Economic Responsibility）──係是企業替社會生產、供給有價值的產品或服務，使得企業能夠向投資大眾交代。法律責任：（Legal Responsibility）──係是企業營運在政府所制定規範約束內進行。倫理責任：（Ethical Responsibility）──係是企業依循大眾所持有之有道德規範，同時知道如何正確執行。志願性責任：（Discretionary Responsibility）──係是企業自發性出於義務去完成一件社會義務。[42]

40 摘引臺灣證券櫃檯買賣中心：企業社會責任定義（https://www.tpex.org.tw/web/csr/content/introduction.php?l=zh-tw），2020年10月20日檢索。

41 鄭紹成：《企業管理──全球導向運作》，頁66。

42 摘引榮泰森：《策略管理學》（臺北：華泰文化出版社，1997年），頁73。

研究Z個案公司發現，公司創立初期二○○七年起很早就投入在實踐企業社會責任工作中，投入的社會責任實踐工作也均屬於志願性責任性質。主要分類為以下兩類，如表3-3所示。

表3-3　Z個案公司投入實踐社會責任彙整表

No	捐助單位	捐助性質	
		長期捐助	急難救助
1	天主教花蓮教區醫療財團法人台東聖母醫院	V	
2	臺灣世界展望會	V	
3	財團法人臺灣兒童暨家庭扶助基金會新竹辦事處	V	
4	社團法人中華視障路跑運動協會		V
5	社團法人世界和平會	V	
6	社團法人新竹市救急會		V
7	社團法人臺中市身心障礙者福利關懷協會		V
8	南投縣鹿谷鄉廣興國民小學		V
9	苗栗縣政府		V
10	財團法人台北市快樂一生慈善基金會	V	
11	財團法人私立弘化同心共濟會	V	
12	財團法人桃園市私立寶貝潛能發展中心	V	
13	財團法人普賢教育基金會		V
14	苗栗縣造橋國民小學		V

本表為根據個案公司提供內部資料而整理

由表3-3中簡述其社會實踐內涵。

1. 長期捐助：個案公司從創立至今持續長期捐助單位超過七個，同時依照公司資源能力投入最久時間達十三年。

2. 急難救助：社會上時常會發生弱勢團體或特殊機構突然因天災

或人為因素沒有了捐助來源。由於現今訊息傳遞快速，個案公司不定時也會接收到這樣需要幫助的訊息。（如表3-3所示）

可知個案公司歷年透過急難救助方式捐助的弱勢團體。而另外一方面，個案公司領導者很早開始就投入志工服務工作中，除親身帶領員工投入參加各類捐助義賣、第一線偏鄉孩童認養關懷服務等，亦在公司內規劃志工假，鼓勵員工多參與各項社會服務。除長期捐助與急難救助外，個案公司領導人對於各專業領域及社會企業人士所從事特殊目的的公益也多有支持，例如：支持培育運動選手、投入改善偏鄉教育領域人士等。

由研究 Z 個案公司案例可知，一個領導者在創業前由內，也就是在「心」通常都會有一個核心價值，這也會伴隨企業經營願景達成而實踐；當企業體越發茁壯時，由外隨之而來的社會責任即為企業經營的一環。這就與老子的思想中何以為萬物之領導者有其相適之闡述，且可以找到其佐證。《老子》云：

> 我有三寶，持而保之。一曰慈、二曰儉、三曰不敢為天下先。慈故能勇，儉故能廣，不敢為天下先，故能成器長。[43]

老子提及，依循善用三件珍貴法寶，執守並保有它，就能明白「道」。第一件是柔慈、第二件是儉樸、第三件是不敢居於天下人的前面。因為內心柔慈才能表現於外在為何而勇敢，也就是「無為」。因為儉樸才能大方於天下，因為不敢居於天下人之先才能夠承擔成為天下人之領袖，這就是「無不為」的展現。上述這段論述更加以說明，今時之企業領導者之內外兼備之條件與實踐即為：擁有一個以他

43 〔春秋〕老子，〔晉〕王弼注，樓宇烈校釋：《老子王弼注校釋》，頁170。

人需要為己要的慈愛心、內心樸實清淨，儉約自律、虛心謙讓，卻能承擔社會責任之能力，這樣才是一位符合現代社會需要的領導者。

第二節　經營成果：對於功過概括並承受

現今企業領導者在經營企業過程中，必須對於整體經營成果負起最終責任。而在群體中，各職位部屬接受來自於領導者權力下達命令指揮執行任務，其過程的一切功過及最終之品質結果領導者也都必須承擔，部屬執行的成與敗皆須由領導者概括承受。

在先秦時期，由於眾多大小諸侯國競逐紛亂，因此，君王領導者對統治權權責任的承擔力就更顯重要。而在此時期，於老子言論中亦有發現對於描述君王應以如何態度面對功過承擔，有一完整循序漸進作法之論述；而後之戰國歷史之中，也留下對後世樹立典範的記載。《老子》云：

> 受國之垢，是謂社稷主；受國不祥，是為天下王。[44]

對於統治者如何能承擔責任作好這治理國家工作之大任，老子開宗明義即說明，能夠為國家百姓承受委屈污辱，方能成為國家的君主；能夠承擔起國家的災難責任，這樣才能成為天下的君王。也就是說，一個好的領導者內心會知道以民為主，愛護百姓才能承受起這承擔責任，這也是成為好的領導者最基本的磨練。《老子》云：

> 江海所以能為百谷王者，以其善下之，故能為百谷王。是以聖

44 〔春秋〕老子，〔晉〕王弼注，樓宇烈校釋：《老子王弼注校釋》，頁188。

> 人欲上民，必以言下之；欲先民，必以身後之。是以聖人處上而民不重，處前而民不害。是以天下樂推而不厭。以其不爭，故天下莫能與之爭。[45]

老子以自然中水柔弱並流向低處的特性來闡述統治者應如何承擔責任。江海之所以能夠成為百川匯流聚集之處，就是江海處於百川河流之最下游，成為百川歸流之處，才成就為百谷之王。因此，統治者欲治理好國家居於百姓之上，就必須謙虛卑下行為對待百姓；欲領導百姓，必須將自己的利益置於百姓之後。以上述自然法則來行之，處上之統治者既不會令百姓感受到被施政壓迫；領導百姓時，百姓亦不會有被危害的感受。天下百姓樂於推薦愛戴君主，不厭惡他。正是因為他不與百姓相爭，所以天下人民既不會也無法與君主相爭。領導者在國家治理方面，對內最重要的是以謙卑並不計個人得失的態度面對百姓。接著老子再以提出，統治者效法因循自然運行之規律以於律己之準則補充之。《老子》又云：

> 天長地久。天地所以能長且久者，以其不自生，故能長生。是以聖人後其身而身先；外其身而身存。非以其無私耶？故能成其私。[46]

天地順應自然之規律，不為己而生，所以才能天長地久。因此，君主應以謙讓不爭態度置於百姓之後，這樣因而能夠領導百姓；將自己衡量統治地位權力得失利益置之於外，因此才能保全統治地位。這正是因為它沒有私心，反而成就了自身。而王弼也對老子此觀點也持相同

45 〔春秋〕老子，〔晉〕王弼注，樓宇烈校釋：《老子王弼注校釋》，頁170。

46 〔春秋〕老子，〔晉〕王弼注，樓宇烈校釋：《老子王弼注校釋》，頁19。

看法，並加以補充說明。「無私者，無為於身也。身先身存，故曰，能成其私也。」[47]領導者應該將自身利益時時謙讓在眾人之後，而這樣先成全眾人的作為，最後也才能成全了自己。老子又再以天地萬物運作為例來說明。《老子》云：

> 萬物作焉而不辭，生而不有。為而不恃，功成而弗居。夫唯弗居，是以不去。[48]

老子觀察出萬物在自然中的運行指出，萬物因循自然而起，一切生成亦無任何主觀意識。培育長成亦不會視為私有，也不會誇耀居功。正因為沒有任何功績可以誇耀，功績則不會失去。而王弼注釋曰：「因物而用，功自彼成，故不居也。使功在己，則功不可久也。」[49]天地萬物生成從不自私占為己有，也不會要求回報，更不會居功誇耀，但是天地生成萬物的功績從來不會因此而抹滅。老子又以水的特性來論述領導者的功過承擔力。《老子》云：

> 上善若水。水善利萬物而不爭，處眾人之所惡，故幾於道。居善地，心善淵，與善仁，言善信，鄭善治，事善能，動善時。夫唯不爭，故無尤。[50]

最高的功績德行就好似自然中水的性質一般。水沒有了自己「無為」，以利於萬物、培育萬物生成又不與萬物相爭「無不為」，水無任

47 〔春秋〕老子，〔晉〕王弼注，樓宇烈校釋：《老子王弼注校釋》，頁19。
48 〔春秋〕老子，〔晉〕王弼注，樓宇烈校釋：《老子王弼注校釋》，頁6。
49 〔春秋〕老子，〔晉〕王弼注，樓宇烈校釋：《老子王弼注校釋》，頁7。
50 〔春秋〕老子，〔晉〕王弼注，樓宇烈校釋：《老子王弼注校釋》，頁20。

何主觀欲念，甘於流向並居於眾人厭惡之低處，所以它的德行幾乎接近於道。最高德行的人就應似水善居於就低，懂得謙讓卑下；如同水心胸寬闊沉靜；待人真誠並仁愛無私；言語恪守信用承諾；處理國家政事簡明清淨；明瞭自己，善於發揮專長處事；行動善於掌握時機。善於此作法的人，就如同水與萬物不爭的德行一樣，不會有過失，沒有埋怨。也就是說，統治者應效法水的承擔，採取一種低姿態，才能以柔克剛強。在最後老子以領導者應該以「玄德」為目標作為承擔力論述的結論。《老子》云：

> 生而不有，為而不恃，長而不宰，是謂玄德。[51]

自然生長萬物而不據為己有之私，培育養成萬物而不自恃居功，引導輔助萬物自性發展而不控制主宰它，此即為自然運行規律中奧妙深遠的德性。王弼注釋曰：「為而不有。有德而不知其主也，出乎幽冥，是以謂之玄德也。」[52]「道」生萬物卻不占為私有，輔助萬物卻不自恃有任何功勞，孕育供養萬物卻不控制主宰它，這是領導者要學習最奧妙高深的道理，也是展現承擔領導力的最高境界。而在戰國時期政治上，另一位哲學家韓非子對個人責任承擔力及權力的制約有所闡述說明。

> 公儀休相魯而嗜魚，一國盡爭買魚而獻之，公儀子不受，其弟諫曰：「夫子嗜魚而不受者何也？」對曰：「夫唯嗜魚，故不受也。夫即受魚，必有下人之色，有下人之色，將枉於法，枉於

51 〔春秋〕老子，〔晉〕王弼注，樓宇烈校釋：《老子王弼注校釋》，頁136。

52 〔春秋〕老子，〔晉〕王弼注，樓宇烈校釋：《老子王弼注校釋》，頁137。

> 法則免於相，雖嗜魚，此不必能自給致我魚，我又不能自給魚。即無受魚而不免於相，雖嗜魚，我能長自給魚。」此明夫恃人不如自恃也，明於人之為己者不如己之自為也。[53]

韓非子以辭魚的典故來說明，公儀休清楚自己所擔任職位的重要性，並對自己權力予以約制。在上述先秦時期，無論是老子或戰國時期韓非所闡述觀點，相對於近代王邦雄更是對領導者如何善用權力提出進一步補充。王邦雄說：「聖人治天下，所為的是無為，所事的是無事，所味的是無味。」[54]這也就說明了，真正懂得善用權力的領導者，是知道以平常心、不過度干預與控制人民的態度去彰顯對權力的制約，也就是「無為」，這即是一位領導者最好的領導力展現。在西方管理理論就說明領導者對經營成果負起最終責任前，必須先具備有改變企業組織個人或團隊行為明確能力定義，也就是權力（Power）。權力就是引起一個人或群體採行與既有相異行為的力量。而有關權力的組成，最常採用的是社會心理學家約翰．弗倫奇（John French）與伯特倫．雷文（Bertram Raven）在一九五九年提出的論文中，對於權力構成所提出的五種基礎定義。其中以表率權之定義與老子所提論述可以相互印證。

表率權，核心的意涵即是「以身作則」。表率權是奠基建立在一個人的人格特質、品行、個人經歷閱歷、過去背景、散發的魅力等屬於知覺的權力後，以上述之條件被其他人所產生認同與信賴感的基礎之上。一個群體中，通常會有少數或特定人由心裡所想、再經思考後

---

53 〔戰國〕韓非子，陳啟天編：《韓非子校釋》（北京：中華書局，1996年），頁660-661。

54 王邦雄：《道——老子道德經的現代解讀》（臺北：遠流出版公司，2010年2月），頁287。

所投射之表達與最後反映於外在行為上趨向於一致之結果並且得到認同，可以作為群體中其他成員之效法表率。而這特定人「以身作則」之特質就會被視為群體當中領導者；更由於他們在行為上具有值得參考學習之突出的天賦專長，或者處事風範、豐富之學養而受到群體中多數成員的肯定與尊敬，進一步願意信服他為領導者，並且跟隨和服從他。這也可以再進一步說，「以身作則」就是一位領導者發自於內在，無須外力的監督，即可自由發揮潛能、實踐社會制度規範時的自我要求。在臺灣，知名台塑集團創辦人之一王永在先生即是以低調謙和，默默做事「以身作則」的表率權而著稱，不將功績褒攬於自身，而是居於鎂光燈之昧，將光環歸於另一位所皆知的創辦人王永慶先生。

> 一九九八年，台塑六輕工程填海造陸兩千兩百二十五公頃，震驚全球石化業，台塑集團因此聞名世界。但是，全世界沒有人知道誰是 Y.T Wang（王永在），只知道一位 Y.C.Wang（王永慶）。台塑集團只能有一個神祉，阿兄王永慶是經營之神，王永在再怎麼居功厥偉，也只能是神背後無聲的守護者。然而，從未在鎂光燈下享受掌聲的王永在，不僅是六輕工程操盤者，更是台塑集團後期檯面下主要決策者。[55]

在上述領導者對權力運用尺度及準則外，社會公益企業家許書揚在其著書以公司內領導者權力行使與部屬之間溝通關係提到「勿居功諉過」[56]亦多有描述。令人尊敬的領導者，他不會以「權力」的行使為

---

55 姚惠珍：《孤隱的王者：台塑守護之神王永在》（臺北：時報文化出版公司，2015年2月），頁11。

56 許書揚：《CEO最在乎的事：職場倫理與工作態度》（臺北：天下雜誌出版社，2013年11月），頁144。

炫耀其行為；不居功、以「水」為師，謙虛柔和是一個領導者必修的能力之一。研究 Z 個案公司 T 領導者權力行使及經營責任承擔過程有以下巧妙的發現：「以身作則」的表率權因為令人由衷信服，所以確實為領導者在經營企業，可以行使最好及最穩固的權力。Z 個案公司 T 領導者對權力使用方式，詳見表3-4。

表 3-4　Z 個案公司領導者對各項權力使用裁量表

	T領導者	各級主管
法定權	清楚掌握關鍵決策決定點	按公司策略三層級充分授權
獎賞權	掌握最後20%最後考核權力	80%考核權由主管評核
	掌握績效獎金統一分配權	績效獎金建議權
表率權	如做錯決策會接受部屬建議並道歉	會對各式決策充分提出建議看法
	給予舞臺機會讓主管磨練	多數願意接受挑戰
	對外接受表揚多留給主管	讓主管感到受重視及榮耀
	如因工作錯誤關係造成損失賠償，領導者需承擔向公司負責	按公司規定接受一定罰則

本表為根據個案公司提供內部資料而整理

而弗倫奇與雷文對其他權力定義，據之簡述如次：

1. 法定權：是因應目標需要，群體或組織中領導者透過「賦權」正是指授予群體中各階級職務有擁有合法的權力。來自於「賦權」的權力代表授予一個人在組織中藉以達成相對應目標所擔任正式層級中的職位，對應的一種權力。

2. 強制權：係指達成組織目標過程中，群體領導者以負面威嚇之方式令其成員感受懼怕所建立的一種權力方式，在五種權力特質中效果最差，對組織所帶來之負作用也最大。團隊中個人對不服從領導指令所可能造成負面結果的懼怕，促使他對這種權力作出恐懼反應。

3. 獎賞權：則是相對與強制權的另一個領導者正面權力。群體中領導者以正向鼓勵、實質獎勵方式使其部屬服從上級的命令賴以完成目標。而部屬正是因為體認到這種領導遵循方式會帶來積極、有益之回饋，即是獎勵與讚賞。

4. 專長權：不一定是領導者本身。這種權力通常是指因應組織目標，群體成員中具備以一種吻合達成目標需要之獨特或是稀有的專業能力來領導團隊。而來自這樣特殊技能或專業知識的一種稀有影響力是團隊成員所沒有的；也就是說，在一個群體中，具有某種多數成員不具備之特殊技能或專業知識的人，即是擁有專長權。[57]

由個案公司與其他現代知名企業領導者對於企業經營成果的承擔力展現，與權力收放的使用，相對照老子思想當中，雖然因時代環境變化不同其方法有所改變，但在本質精神上仍是圍繞著以老子思想為主的經營法則。

第三節　守信重諾：確實成就委託之任務

「誠信」是人際關係中最重要一種信念，在經營企業對於領導者亦是如此。在中國先秦時期開始，誠信是國家與臣下人民之間信賴的橋樑，君王如不信臣下人民，人際關係中如無建立誠信，輕則消耗個人信用，重則動搖國之根本；這也是先秦時期各諸侯國毀盟辱約，紛爭不斷的原因之一。也因此在春秋時期老子對於統治者的誠信施予的對象提出了觀點，《老子》云：

> 善者，吾善之；不善者，吾亦善之，德善。信者，吾信之；不

57 John, French & Bertram, Raven. *The Bases of Social Power* (Michigan, Michigan State University, 1959). 150-167.

信者，吾亦信之，德信。[58]

友善的人，我以友善對待之；不友善的人，我更必以友善對待之，這樣就會得到認同與好感了。守信之人，我以信用對之；不守信的人，我更必堅守信用，這樣就會得到信任了。這觀點主要指出：誠信是發之於內心，不分對象對待的。再者，老子提出統治者對於承諾需謹小慎微，《老子》敘之：

信不足，焉有不信焉。悠兮，其貴言。[59]

統治者如果誠信不足，無法獲得百姓認同，人民亦不會信任他。最高明的統治者，是看似悠閒，是不輕易開口，很少發號施令，所說的話都是經過深思的。這觀點亦是提醒一位領導者必須知道，自己言行謹慎對治理政事的推展是否能夠獲得百姓支持有其重要性。而這觀點，王弼也在以下注釋中做了說明。王弼注釋曰：「信不足焉，則有不信，此自然之道也。已處不足，非智之所齊也。」[60]王弼在此說：自然之道，是沒有任何的萬物可以改變其外顯言行表徵，言必有應，這才是順應自然的道理。接著老子對於誠信又再加以闡述補充。《老子》云：

夫輕諾必寡信，多易必多難。是以聖人猶難之，故終無難矣。[61]

---

58 〔春秋〕老子，〔晉〕王弼注，樓宇烈校釋：《老子王弼注校釋》，頁129。

59 〔春秋〕老子，〔晉〕王弼注，樓宇烈校釋：《老子王弼注校釋》，頁40。

60 〔春秋〕老子，〔晉〕王弼注，樓宇烈校釋：《老子王弼注校釋》，頁41。

61 〔春秋〕老子，〔晉〕王弼注，樓宇烈校釋：《老子王弼注校釋》，頁164。

老子在此道出：輕易做出承諾的人必定不重視誠信，很少能夠兌現；把事情看得太容易，勢必遭受到更多的困難阻礙。成就大事的聖人會認真面對困難之處，也因此就沒有什麼困難了。一個好的領導者不會把所有事看得容易，是謹小慎微的。他對承諾是非常謹慎面對的，不輕易許諾，一旦承諾，言出必行。而王弼也有相同的觀點並加以注釋。王弼注釋曰：「以聖人之才猶尚難於細易，況非聖人之才而欲忽於此乎，故曰，猶難之也。」[62]王弼說道：以聖人的才德，仍然會被細小、容易的事物所阻礙，更何況一般人沒有聖人的才能，能夠輕易忽視嗎？也就是所說聖人更會把事物想得困難。

由以上論述觀之，在春秋時期老子言論中闡述了誠信對於一個領導者的重要與信念，而在戰國時期君王與百姓之間或是家庭教育的誠信的重要在韓非子言論中亦有提及：

> 楚厲王有警，為鼓以與百姓為戍，飲酒醉，過而擊之也，民大驚，使人止之。曰：「吾醉而與左右戲，過擊之也。」民皆罷。居數月，有警，擊鼓而民不赴，乃更令明號而民信之。[63]

在古代，擊鼓的「鼓聲」是象徵一種政府與人民之間彼此信任的動作約定。

以春秋時期楚厲王酒醉擊鼓失信於百姓，當真正危機發生時，沒有人認真看待，因此改以其他信號重新與民約定之。這引申出誠信是領導者治國與處世之基本原則，說明其重要性。再以誠信應在家庭教育中深化為例補充，諸如：

---

62 〔春秋〕老子，〔晉〕王弼注，樓宇烈校釋：《老子王弼注校釋》，頁165。

63 〔戰國〕韓非子，陳啟天編：《韓非子校釋》，頁572。

> 曾子之妻之市，其子隨之而泣，其母曰：「女還，顧反為女殺彘。」妻適市來，曾子欲捕彘殺之，妻止之曰：「特與嬰兒戲耳。」曾子曰：「嬰兒非與戲也。嬰兒非有知也，待父母而學者也，聽父母之教，今子欺之，是教子欺也。母欺子，子而不信其母，非所以成教也。」遂烹彘也。[64]

曾子的妻子上市集因要安撫哭鬧之子而隨口輕言，然而曾子卻慎重其事要來殺豬以兌現承諾於子。妻子急忙阻止中，曾子對其妻說及父母是孩子學習榜樣，尤其在未接受教育的階段。父母應立身教「以身作則」的教育方式教育孩子誠信。在此，韓非子所要強調的是，誠信是最基本的品格教育，必須落實在家庭教育的觀念中，並且需要由大人以身作則。社會一般對誠信（Integrity）的認知是，係指反映在人的誠實和信用行為上，呈現了一個人的外在個性行為及內在價值觀。一個領導者在經營企業行為範疇中的誠信，就展現在自身企業與供應商和客戶之間商譽價值建立，因此誠信評價與商譽呈現正相關。一個具有誠信正直特質的領導者通常自我約制能力高，而這樣的特質被認為是企業領導人最重要的領導力。

誠信在企業經營的際網絡中，通常是透過觀察領導者的內在價值觀反映出許多外在行為來作為形塑。在臺灣「上市櫃公司誠信經營守則」中，有關於誠信落實在高階領導人最重要的要求就是，領導者必須「以身作則」。[65]而 Z 公司 T 領導者由自身經歷，對以身作則內涵有以下的認知歸納：一、行為正直：擁有積極樂觀的價值觀。同時心態健康，不過度偏執，願意容納他人意見。對企業經營面對人、事、

64 〔戰國〕韓非子，陳啟天編：《韓非子校釋》，頁571-572。

65 陳清祥：《公司治理的十堂必修課：一次看懂董事會如何為公司把關、興利、創造價值》（臺北：經濟日報社，2019年3月），頁230。

物持公平的客觀評價。二、遵守規範：遵守社會法令規範、公司制度，領導者應該自我約束，會以較高標準要求自己，不做超過規定或逾越制度規範之行為並不濫用或誤用權責；不會也不縱容徇私舞弊。三、社會公德：遵守法律規範和社會大眾一般認知之道德規定，企業領導者個人行為即是企業形象。近年，企業經營實務在與誠信相關的西方管理策略中，美國 Airbnb，也是目前全球最大線上訂房網站企業的前法務長兼任企業倫理長羅伯・切斯納（Robert Chesnut），在二〇一六年提出「誠信在此」的策略管理，其中說明了企業必須選擇刻意誠信，必須防禦性的將特定關於誠信行為列入稽核管理，同時採取一種形塑行為更符合社會倫理規範，更正面積極價值觀的經營態度。在此價值觀之支持更提及一套強化企業職場誠信的關鍵六 C 步驟，以下就六 C 分別敘述之。第一個 C 是「長」字輩（Chief）：這也是企業經營開展的首要條件。說明了企業最高領導者必須由心理認同誠信對企業經營的重要性，承諾公司一切行為由自己開始遵守做起，關於誠信沒有任何模擬兩可、偽善、扭曲、違背常識、選擇性做與不做，讓主管、員工清楚知道領導者立場，認真看待與執行。第二個 C 是量身打造倫理守則（Customized Code of Ethics）：這說明了企業必須有一套能清楚反映連動於所處社會、客戶誠信價值，專屬於所屬企業明確倫理規則中，每一位員工即便在不同地域與不同人一起工作，倫理守則價值也不因此改變。第三個 C 是倫理守則的溝通傳達（Communicating the Code）：在溝通部分再一次強調「一切關於誠信溝通傳遞必須由領導者做起」，而不是將守則放置於網頁或列印於紙本中讓員工閱讀而已，這是一件必須持續不間斷的溝通傳遞工作，也是凝聚企業文化的基礎。第四個 C 是明確的舉報機制（Clear Reporting System）：在此說明了，企業首先要讓員工知道一個簡明、獨立的回報流程機制，而且提供複數管道，同時讓舉報者有免於恐懼或害怕被報復，另一方面也保障被檢舉者權益等公正性問題存在。第五個 C 是違規的後果（Consequence）：在清楚了守則之後，必須先行預告違規的後果是什麼，讓執行產生有效的效果。在建構誠信文化上領導者應該知道，企業不用害怕擔心犯錯，而是在犯錯時讓每一個成員得到公平並且合理的回應。最後一個 C 是指持續不斷實踐（Constant）：領導者有責任在組織內打造一個能夠持續不斷實踐誠信方法工具。例如：案例說明、溝通會、主題性簡報、日常宣導等一切能持續誠信文化有效延續的方法，而這正是任企業刻意誠信的核心價值。[66]

以全球最大的晶圓代工公司台積電創辦人張忠謀先生說：「『誠信正直』是台積公司最重要的核心價值，台積公司即是以最高標準治理公司，這是我們的承諾。」[67]對於此，張忠謀更進一步闡述指出：

> 好的道德，就是好的生意。[68]

根據上述這段話更可以理解到，誠信於企業而言：既是信守與員工、股東、客戶、社會、環境共好，走向永續發展最好的業務拓展策略，也就是「好的生意」。根據 Z 個案公司領導人在經營企業經歷對誠信的觀察與描述認為，誠信就是一個人的可靠與被信賴程度，簡而言

66 〔美〕羅伯・切斯納（Robert Chesnut）：《Airbnb改變商業模式的關鍵誠信課》（臺北：商業周刊，2021年3月），頁52-58。

67 誠信正直：這裡所述來自於台積電企業經營所公佈之核心價值定義，也是最基本最重要的理念。我們說真話；不誇張、不作秀；對客戶我們不輕易承諾，一旦做出承諾，必定不計代價，全力以赴；對同業我們在合法範圍內全力競爭，我們尊重同業的智慧財產權；對供應商我們以客觀、清廉、公正的態度進行挑選與合作。公司內部，我們不容許貪汙；不容許有派系；也不容許有「公司政治」。我們首要用人條件是品格與才能，絕不會是「關係」。

68 商業周刊：《器識》，頁123。

之，這既是一個人的人品。並以身體的建構來作為譬喻：「心」是領導全身的本源，而心臟跳動品質就是誠信程度。塑造願景目標就像是大腦、眼睛。溝通協調像是嘴、負責執行專業如同手、腳等能力，則都從「心」衍生出發。若「心」品質不好，就很難讓人追隨。研究 Z 個案公司在執行「誠信」與「承諾」的制度中清楚發現，將這兩個重要因素進化並落實在「及時」的企業文化中，對客戶而言，對於客戶所託付之任務「準時」達成已經不能滿足對客戶之期待所託；對關鍵客戶、重要訂單來源客戶，Z 個案公司採「及時」的策略，將資源分配至這兩類型客戶，展現了企業經營中「誠信」與「承諾」不一樣層次體現。對供應商而言，對評鑑良好之供應商提供完工既「及時」付款條件之保障。科技業是屬於高金流支出的產業屬性，Z 個案公司往往需承擔來自許多客戶長天期應收賬款，但相對應多數小供應商無法負荷其條件；Z 個案公司為做好客戶服務永續經營，訂定了評鑑標準，對評鑑良好之供應商提供完工「及時」付款條件之保障及經營困難時資金周轉紓困。同時也簡化驗收及付款流程對所有供應商提供付款基本安心保障。最後，就員工言，不同於一般公司，絕不次月或延遲發薪是 T 領導者經營公司的核心原則。Z 個案公司對員工薪資保障採取一種「及時」的給付方式。既在當月最後一上班日「及時」給付當月薪資。另外 Z 個案公司在發放員工績效獎金制度外，早在二〇〇七年就規劃了「員工認股分紅制度」，讓考核優異的主管及同仁參與部分「股東分紅」。

經過了千年的推進，無論是以現今個案公司與全球知名企業在與客戶、供應商夥伴及員工透過「誠信」所建構的關係連結分析發現，起因於在春秋時代其諸侯國之間互不信用，相對照老子提出的思想解方，雖然經過漫長歷史時代變化，但「誠信」本質的珍貴更凸顯於現今企業經營領導者的重要性。

無論以近代西方管理學理論，或是世界知名企業經營實務，以及上述個案公司領導者形塑的領導力三要件：領導思維、領導修練、領導風格及內化的核心價值等領導力方式，來對應於春秋時代老子所提之論述，雖歷經千年的流傳，在現今仍可考察出對企業經營領導其重要參考依據。老子對領導力在其時代的定義，一層層建構了一個完整的思想提供君王作為治國良策。首先，建議領導者在領導思維上要超越二分法、自我節制知足及少私寡欲；其次，在領導修練上，老子以為領導者邁向卓越領導的過程基本功是從看見並去除自己不好的心性，進而改善，再將心性提升到一個寧靜平衡的境界。其三，由領導風格可看出，今日領導者具審時度勢可調整的領導風格的重要性。老子更提到領導者內在應以民為本，對照到企業經營除應對內以員工為核心，更應具再高之調整需求，讓員工自我實現。並在對外以承擔企業社會責任為目標的核心價值。最後，老子再為領導者以誠信及承擔企業經營最後功過責任的領導力提出良策。

第四章
形而下：經營管理策略對《老子》思維之應用

現今商業世界領域觀察領導者企業經營行為，有其卓越成效領導者之經營管理策略頗與黃老之治術有關。同時因應今時所處商業競爭環境，以老子思想為起源與轉化之黃老治術又在不同之經營管理模式中變化體現。故本章即以《老子》思想為根據並以開展，探討現今全球典範企業於商業經營環境如何因時因勢調整其思想應用，並立足引領世界的致勝管理策略。再以考察經營管理中組織力形成三個重要條件組織建構、組織管理、組織能耐以及組織共同凝聚的組織目標。最後再論述達成目標願景的員工激勵策略及業務成長攻略，在以下三節中，分別展開論述。

第一節　跟隨典範：習法居於柔卑之管理策略

在採訪整理台積電創辦人張忠謀的口述自傳中，曾引述了澳洲知名戰略專家艾迪生（Craig Addison）所發表的一篇以「矽盾」「Silicon Shield」為主題的評論內容：

> 臺灣以「矽」為核心的半導體上下游產業佈局，以台積電公司為首所串起的供應鏈，是為全球國防、資通訊產業高度依靠之重鎮。它對於世界運行如此的重要性，也成為防衛臺灣，抵禦

中國關鍵之「盾」。[1]

此評論亦是指超過半個世紀，以「矽」材料為核心開展的世界經濟繁榮，文明進展、乃至於各國國防軍事實力的展現，在這近三十餘年中，因台積電致力於以「矽」材料為基礎，所建構起半導體高端技術研發、製造的產業供應鏈「晶圓代工」模式，成就它成為大國之間爭奪之關鍵資源，此乃扮演起世界文化文明進步推動的重要角色，也形成防衛臺灣的重要無形屏障。而這樣說法在口述自傳裡也被提及，獲得全球 AI 及繪圖晶片領導大廠輝達執行長黃仁勳的附議及支持，並引用黃仁勳所提出觀點，加強了台積電的重要性。黃仁勳說：「輝達將大部分的晶片製造生產責任都置在台積電，萬一台海發生戰事，替代方案是什麼，如何因應？沒有 B 計畫，全部重壓在台積公司上。」[2]

而以黃仁勳的這段補充觀點更是可以得知，台積電以外的製造生產廠商在技術上已經無法滿足其半導體晶片設計廠商最先進創意要求，且台積電的經營模式與高端技術具有獨特性，已經成為全球半導體產業之領導先驅，遙遙領先其他競爭者。因此，縱然有其他外在不可供貨之風險，仍必須選擇台積電而無法替代。而奠定台積電今日在全球半導體產業之領導地位，探究其致勝策略發揮奏效是起於當時之冷戰結束時空背景，係是以將創意設計與製造生產兩者相互合作，並形成新型態半導體產業供應鏈之「晶圓代工」的商業模式應用成功是為關鍵。一九八五年臺灣經濟走向關鍵向上轉型期間，張忠謀在政府召喚下返回臺灣，創辦了台積電；同時以沒有前例可循的「晶圓代工」應用新的商業模式，成功為臺灣打下延續至現今近三十餘年的重

1 商業周刊：《器識》，頁12。

2 商業周刊：《器識》，頁12。

要經濟轉型根基，也引領臺灣以此產業為關鍵，登上世界大國競逐爭奪的重要資源及戰略位置。

本節即以觀察研究台積電這三十年來，經營管理上所歸納出五個與《老子》思想相適觀念應用的致勝關鍵策略，如圖4-1所示。

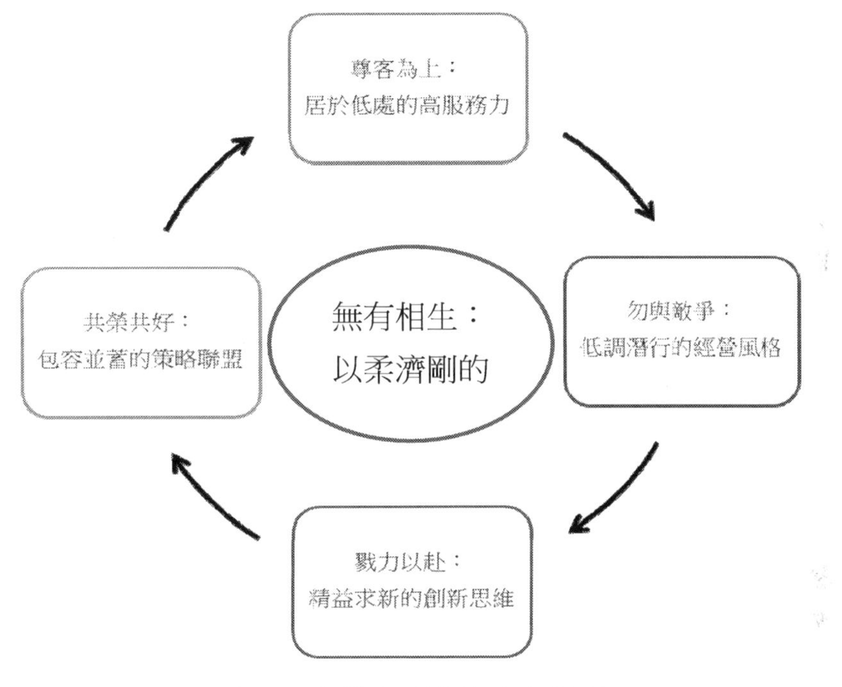

圖4-1　台積電致勝策略應用圖

本圖係由本論文研究者自行融合整理之策略圖，意在補充說明探討個案台積電之核心商業模式及關鍵策略關係

而其最核心策略，有無相生：以柔濟剛的關鍵策略，而這也正是中國先秦時期《老子》學說中「無、有」核心思想在今時因應商業領域中所延伸之變化應用，並且更進一步成為屏障臺灣成為「矽盾」的關鍵策略。在外，其一尊客為上：居於低處的高服務力。其二勿與敵爭：低調潛行的經營風格。其三是戮力以赴：精益求新的創新思維。

最後則是共榮共好：包容並蓄的策略聯盟。以上這圍繞核心之策略來加以探討台積電如何在經營管理上透過這些策略交互不斷循環應用，而站穩立足於全球晶圓代工產業龍頭位置，並引領世界科技文明進步發展持續向前轉動。

一　無有相生：以柔濟剛的關鍵策略

全球半導體產業是一個高技術、高資金門檻，極需要高端人才的國家戰略產業，能夠引領這產業也是經濟上跨入先進國家的象徵。研究台積電公司關鍵成功之策略應用緣起於一九七〇年代起的世界政治經濟局勢轉變。在半導體科技領域一直是美、日兩大富國強權的晶圓整合大廠分食天下的局面，通常都在同一家公司從最上游設計、製造、到下游完成封裝。這態勢直至一九八〇年代後，創意設計業者僅需專注於新產品趨勢開發，不需花費大筆資金投入機器設備生產的「無晶圓廠概念」被提出，到台積電創立，將「無晶圓廠概念」以「晶圓代工」的商業模式轉換實踐，即是以建構完整上下游供應鏈分工合作關係完成最終產品，進而打破了過去由先進國家單一大廠整合壟斷的產業狀況。觀察考究其關鍵策略之發想，可用春秋時代《老子》「有無相生」作為論述；惟此處說明之「無」乃指尚未成為形而下既有產品之創意概念，「有」乃指為已經成為具象之實物產品。在此論述下，「有無相生」因時因勢的體現於晶片設計業者的「創意」透過了代工業者「生產」，兩者「有無相生」無法單獨存在又「相輔相成」互相依賴，這樣的體現乃今日企業在經營過程中的對《老子》嶄新詮釋及延伸應用。老子「有無相生」的闡述，原文如次：

道可道，非常道。名可名，非常名。無名天地之始；有名萬物

> 之母。故常無欲，以觀其妙；常有欲，以觀其徼。此兩者，同出而異名，同謂之玄。玄之又玄，眾妙之門。[3]

天地自然運行是沒有語言，也無法自我描敘。老子嘗試以觀察自然運行的體悟，來闡述不可名說之狀並如此奧妙的「道」。老子提及：可以用言語來表達運行法則、規律之「道」，既非永恆不變之自然之道。可以使用文字辭彙形容所賦予之「名」來闡述的也非永恆不變之名。「無」是天地萬物尚未成形前的狀態本源，「有」是萬物產生之根源，孕育長養萬物。所以，要保持一清靜無慾之態來領悟「道」的無形奧妙；也要從一種有目的性的需要去觀察「道」的有形變化的脈絡。妙與徼，其源出於「道」只是名稱不同而已，都是道的變化樣態。「道」深幽又奧妙、變化萬千，是體察宇宙萬物一切運行變化的之門。老子認為，「無」乃指天地本源，「有」則為萬物根基，這兩者其實是同一根源，相輔相成，僅名稱不同，且都是奧妙幽深，「有」體現了「無」的應用，「無」是「有」的源頭，故王弼再以注釋曰：

> 可道之道，可名之名，指事造形，非其常也。故不可道，不可名也。凡有皆始於無，故「未形」、「無名」之時則為萬物之始，及其「有形」、「有名」之時，則長之育之，亭之毒之，為其母也。言道以無形無名始成萬物，以始以成而不知其所以玄之又玄也。妙者，微之極也。萬物始於微而後成，始於無而後生。故常無欲空虛，可以觀其始物之妙。徼，歸終也。凡有之為利，必以無為用。欲之所本，適道而後濟。故常有欲，可以觀其終物之徼也。兩者，始與母也。同出者，同出於玄也。異

3　〔春秋〕老子，〔晉〕王弼注，樓宇烈校釋：《老子王弼注校釋》，頁1。

名，所施不可同也。在首則謂之始，在終則謂之母。玄者，冥也，默然無有也。始母之所出也，不可得而名，故不可言，同名曰玄，而言謂之玄者，取於不可得而謂之然也。謂之然則不可以定乎一玄而已，則是名則失之遠矣。故曰，玄之又玄也。眾妙皆從同而出，故曰眾妙之門也。[4]

王弼解釋了老子的說法，並擴充說明：「無」乃宇宙萬物之源頭，「有」用於了解事物的應用變化。人類社會中，透過觀察自然規律變化而轉化思維並行動，也皆在「有」、「無」之間相輔相成，變化應用。這樣的應用，《老子》又云：

天下皆知美之為美，斯惡已。皆知善之為善，斯不善已。故有無相生，難易相成，長短相形，高下相傾，音聲相和，前後相隨。[5]

老子在以形而上「道」的本質說明，所謂的美與不美、善與不善，這是人類社會制度下所定義之相對比較。然而，自然規律中並沒有這些形容及價值判斷，它是合為一體的概念。自然規律中，形而上的「道」生化出形而下的「器」應用；有和無、難和易、長和短、高和下、音和聲、先和後都是相對性觀念，卻也是相反，缺了其一，既無法單獨存在。而在這自然規律中發展觀察到，同時「有」、「無」形成之「玄」非常深邃奧妙又無法用言語來說明，而兩者更在相對和相反的關係中呈現出它們是相互依賴、相輔相成、相互形成卻不互相抗衡。因而《老子》又云：

---

4 〔春秋〕老子，〔晉〕王弼注，樓宇烈校釋：《老子王弼注校釋》，頁1。

5 〔春秋〕老子，〔晉〕王弼注，樓宇烈校釋：《老子王弼注校釋》，頁6。

天下之至柔，馳騁天下之至堅。無有入無間。[6]

天下最柔弱的東西，可以穿越最堅硬的物質。沒有形體的一切可以滲入沒有任何空隙的器物。老子認為，柔弱是天下最具強大的力量，可以駕馭戰勝最剛強的器物。由於老子對於此說法，行文甚簡，在王弼的引申中，既對此加強了敘述及補充。王弼注釋曰：「氣無所不入，水無所不出於經。虛無柔弱，無所不通，無有不可窮。」[7]王弼加以舉例，用「氣」和「水」可以隨意進出穿梭在物體間的概念，說明柔弱是順應自然的作法。以至堅對至堅，只會落得兩敗俱傷的下場；但若能「以柔克堅」，甚而「以柔補堅」，那麼便很有機會創造出雙贏的互利共好局面。

正如同一九八〇年代後期，美、蘇兩大世界強權冷戰結束，原本在國防工業中禁止輸出的高端資通訊技術大量釋出到民間；這個契機也讓在一九八五年剛剛創立的台積電新商業模式「晶圓代工」有了實現的機會。但是一開始包括英特爾、三菱、東芝，這些已經在既有市場上居於先行地位引領市場，具備晶片設計生產的美日大公司都認為臺灣並沒有條件及能力，因此拒絕了與其合作，並認為這種新模式不會成功。而就在這時期美國矽谷出現了一群年輕有晶片設計創造能力的小創業家，這一群晶片設計業者苦無龐大資金蓋晶圓廠，這個轉機也恰好給了台積電的技術藉由此需要，以「晶圓代工」這樣新型態的供應鏈合作進而開展，也因此躍上世界半導體舞臺綻放光芒。在張忠謀口述自傳內文中，曾引述對黃仁勳訪談回憶說道：

6　〔春秋〕老子，〔晉〕王弼注，樓宇烈校釋：《老子王弼注校釋》，頁120。

7　〔春秋〕老子，〔晉〕王弼注，樓宇烈校釋：《老子王弼注校釋》，頁120。

> 如果沒有遇見你（張忠謀先生），我可能還是一個悠哉的小老闆。[8]

在文中這段回憶正關鍵的指出了其背後深層的意義，由於台積電的成立，它建立了一個全新型態並可以由創意到生產。那麼這完整矽產業供應鏈從創意設計開始鏈接到尚未加工成型之純粹素材「矽晶圓」原材料並未可以直接成為有具體功能之物，可以用「無」的概念來籠絡；「矽晶圓」至下游以半導體製程技術加工生產後，具體成了各式具目的性的晶片，也就是「積體電路」零組件產品，可用「有」的概念來形容，由此建立起從「無」到「有」供需觀念的完整供應鏈關係，供應鏈之間相互依存、彼此緊密分工合作，並解決了當時包括黃仁勳所成立的輝達在內，這群小創業家所發想的設計創意，透過台積電的技術及產能得以製造成有形晶片，廣泛應用於各式從產品中。至此開始，在半導體產業「晶圓代工」這種新的商業模式，主導及改變了這三十餘年這產業供應鏈競合關係及供給模式。本書還引述了美國晶片設計業者高通的執行長莫倫柯夫（Steve Mollenkopf）的說法，可為此補充說明：

> 沒有台積電，我們高端產品，絕對沒辦法實現成功。[9]

而這段話更清楚說明台積電的高端技術已經成為半導體產業先驅，是現今世界不可或缺的關鍵資源，也對世界文化進步產生極高的重要性。綜合以上於半導體產業領域中，也展現出領導者企業經營成果的

8 商業周刊：《器識》，頁14。
9 商業周刊：《器識》，頁14。

體現，晶片設計業者充滿創意的智慧與生產製造廠的設備產能相輔相成。現今商業創意之發想，雖不能以老子思想在形而上之「無」簡單定義，卻是以道家老莊學說中「無用」、「有用」之論述，晶片設計業者創意之「無用」透過了代工業者製造生產進一步實現了「有用」之應用。這從字面上「無」轉化至「有」，可看出是在今人於商業管理學上延伸將老子形而上之「無」與形而下之「有」，重新做了進一步詮釋及開展的新應用，互相合而為一的結果。台積電打破過去由富國大廠所輕視認為只單一代工，沒有自主產品，這是不可能成功的應用策略的認知，專注投資為苦於沒有資金卻滿著無限創意的設計創業者提供最高端產能，解決產品應用的機會。這樣的策略在今日更呼應了老子所論述的「無」、「有」無法單獨存在，同出於一，只是所在角色、功能，解釋不同，並且互相成就彼此。而重要的是，隨社會文化不斷的改變，全球最頂尖的設計創意也皆能藉由台積電所投入最先進的產能來實現。更展現了，老子所論述，只有代表「至柔」的無限內涵、創意想像，才能以最精密的「至堅」半導體先進製程設備來完成應用；這也適切的代表著在千年後，企業經營領域重新詮釋並延伸應用「有無相生、相輔相成」論述於「晶圓代工」這新策略的成功。

二　尊客為上：居於低處的高服務力

在現今高度競合的商業環境中，客戶關係維繫的好壞及品質是一家企業能否穩定成長的重要因素。在春秋時代，老子以水的特性用以來闡述一個人或企業所必須修練柔軟卑下的身段，引申說明它是客戶關係維繫的最好方法。《老子》云：

上善若水。水善利萬物而不爭，處眾人之所惡，故幾於道。[10]

老子以水的存在特性觀察認為，水是對萬物皆有利的物品，正因為它「無為」沒有自己，也不與萬物相爭，成全萬物順其自然的「無不為」，自性發展。因此，最崇高的德行就像水一般，流向低處並停留在眾人不願意留駐、厭惡的地方，所以接近於「道」。王弼的詮釋也與老子相應：「人惡卑也。道無水有，故曰，幾也。」[11]王弼也說，人都不喜歡低下之處。「道」是以「無」的本質存在，「水」雖屬於「有」，水的性質卻幾乎接近於道之善。不過從這些論述中，可以知道人亦可效法在自然中德行最高之「水」不爭與萬物相融之特性，以一種謙卑低下、實事求是的精神以利於處世。

研究台積電在維繫客戶關係的策略所展現的精神與能力，可以由張忠謀的一句話來延伸探討。他提到：

台積電可以為客戶赴湯蹈火。[12]

這句話在客戶關係管理上隱含著兩個深層意義。其一，所謂以客為尊是必須深刻看待與理解客戶的標準：「感受並了解對方重視什麼？什麼事情讓他感到舒服？讓他感到高興？而為了對方讓客戶高興，通過語言、態度、肢體動作，來持續提供服務，這才是充分溝通。」[13]換以其他路徑解釋即為，把思考方式離開自己移轉聚焦在客戶身上，產

10 〔春秋〕老子，〔晉〕王弼注，樓宇烈校釋：《老子王弼注校釋》，頁20。

11 〔春秋〕老子，〔晉〕王弼注，樓宇烈校釋：《老子王弼注校釋》，頁20。

12 商業周刊：《器識》，頁24。

13 〔日〕山上ななえ著，張瑜芝譯：《奧客也無可挑剔的服務絕學》（臺北：台灣東販出版社，2016年），頁26-28。

生同理心，換位思考，這才能深入滲透至客戶的心裡，也才是客戶關係維繫服務最核心的所在。其二為在服務過程中加入自己優勢：「而這最重要的就是先了解自己個性，與其他提供一樣服務者不同之處是什麼？」[14]這也就是說，在提供客戶服務前，先了解自己特有與他人不同的優點，並持續加入在服務之中。依此觀察，早在二〇一一年蘋果公司尚未成為台積電正式客戶前，為從競爭對手三星中贏得這個重要客戶也完成最後一塊關鍵客戶佈局拼圖，積極爭取正式委託下單背後付出的過程，不計任何代價，先不計算自己私利，為此組成關鍵技術的百人研發團隊進駐客戶總部，與客戶最頂尖的設計團隊理解其需要，一起進行產品設計溝通，只為了成全客戶之成功。並且在產品資訊安全及商業誠信上取得客戶信任，才跨出贏得最重要及關鍵第一役，二〇一四年正式取得客戶下單，突破競爭者傾全力築起的專利高牆障礙及短利的圍堵策略。不自私算計、願意成全客戶，最終也成就自己。而台積電也在這一刻起開始拉大與競爭對手差距，也展現臺灣半導體國家競爭力於世界之重要地位。

三　勿與敵爭：低調潛行的經營風格

台積電為全球晶圓代工及臺灣科技產業的先驅，其洞見觀瞻自然會引起其他競爭者的群起效尤與關注；然而台積電向來都不是一個會動輒以大動作取悅客戶、合作對象，或挑釁敵手的角色，而是始終維持一個低調穩重的風範。在經營上這樣的性格氣度，在春秋時代老子論述中有跡可循：

---

14 〔日〕山上ななえ著，張瑜芝譯：《奧客也無可挑剔的服務絕學》，頁30。

> 善為士者，不武；善戰者，不怒；善勝敵者，不與；善用人者，為之下。是謂不爭之德，是謂用人之力，是謂配天古之極。[15]

老子以領兵征戰的行為闡述，真正善於統帥、打仗的統帥，既不輕易動武；真正擅長戰勝敵人的人，也不會與敵人正面衝突、也不易被激怒，知道避其鋒刃；而真正懂得用人的人，待人虛心謙卑、也甘心居人之下。這些不與人相爭的「德」，是善於轉化以「無」的力量，利用他人「有」的能力，也是符合天道，都是自古以來的法則。王弼亦對老子提出的看法再加以詮釋說：「士，卒之帥也。武，尚先陵人也。後而不先，應而不唱，故不在怒。不與爭也。用人而不為之下，則力不為用也。」[16]王弼注釋中皆針對老子所說再次統整，強調了不會輕易起頭與人相爭的精神。

研究台積電與目前最大的競爭對手韓國三星電子，三星能囊括在消費市場占有一線品牌立足之地，其重要原因就是掌握了橫跨邏輯及記憶體與其他電子零組件的設計、生產、組裝、品牌上下游整合與智財權的保障。而這樣的優勢反而成為與其他品牌廠商競爭之劣勢，再者加上其國家民族性外顯高調的經營風格，在市場上處處攻擊台積電。「一個人表現水準，通常是競爭者訂的。」[17]反觀台積電並不會以相同方式回報之，而是反其道而行，將三星視為最可畏對手及成為鞭策自己前進的動力，並專注於設定的目標，讓自身企業時時警覺並持續進步。

15 〔春秋〕老子，〔晉〕王弼注，樓宇烈校釋：《老子王弼注校釋》，頁172。
16 〔春秋〕老子，〔晉〕王弼注，樓宇烈校釋：《老子王弼注校釋》，頁172。
17 商業周刊：《器識》，頁16。

四　戮力以赴：精益求新的創新思維

一家好的企業在經營的基調上是不輕易外顯張揚的，令競爭者測不到其能耐。而要持續成長必須擁有生存的核心能耐，不斷戮力最新的技術開發，眼界聚焦於未來。才能在激烈競爭環境下，與競爭者走出不同道路區隔。在此之下，專注技術開發、聚焦於未來的眼界必須先建立時時「更新自己」的心態及擁有「逆向思維」兩個基本的能力。才能不斷保持進步，並引領一直走在科技產業的最前面。這樣的觀念可與老子的想法相應，《老子》云：

> 古之善為士者，微妙玄通，深不可識。夫唯不可識，故強為之容。豫兮若冬涉川；猶兮若畏四鄰；儼兮其若容；渙兮若冰之將釋；敦兮其若樸；曠兮其若谷；混兮其若濁；孰能濁以靜之徐清？孰能安以久動之徐生？保此道者，不欲盈。夫唯不盈，故能蔽不新成。[18]

上古之時善於實踐道的人，他們對於自然運行的見解深妙通達，也不容易被一般人所理解。正因為不容易理解認識他們，只能勉強去形容：行事小心謹慎，如同冬天行走在冰河之上；時時警惕小心，隨時防備著周遭鄰國來犯；恭敬嚴肅裝扮，就像是前去赴宴慎重一般；看似瀟脫自在，就像是正在融化的冰塊；質樸厚道，如同一塊尚未加工的璞玉；心胸寬廣豁達，看似深幽的山谷；他看似渾渾寬容，像似濁水一般。如何才能使混濁的流水沉澱下來而逐漸清澄，怎樣才能使安靜靜止的東西轉動起來而逐漸顯露生機。持此道的人，從不過度自

18 〔春秋〕老子，〔晉〕王弼注，樓宇烈校釋：《老子王弼注校釋》，頁33。

滿。正因為不過度自滿而可以反省更新。老子解釋，勤於實踐「道」的人是保有「處事謹慎」、「警惕自己」、「恭敬嚴謹」、「行為自在」、「心地樸質」、「心胸開闊」、「渾厚修養」這七種微妙玄通、看似深不可測樣子。以上論述可延展強調一個重點，即處在複雜變動很快的局勢中，對外在變化保持高度警覺、準備完成以上狀態是重要的。有前瞻性的經營是既能夠在混濁盲動的環境中，能夠保持寧靜的心態，又能在安靜中找到未來清楚的道路方向。這樣心態正因為知道是不能自滿膨脹，而且更能夠因應時局時時反省、更新自己。對此，王弼亦提出重要補充注釋：

> 冬之涉川，豫然若欲度，若不欲度，其情不可得見之貌也。四鄰合攻，中央之主，猶然不知所趣向者也。上德之人，其端兆不可覩，德趣不可見，亦猶此也。凡此諸若，皆言其容，象不可得而形名也。夫晦以理物則得明，濁以靜物則得清，安以動物則得生，此自然之道也。孰能者，言其難也。徐者，詳慎也。盈必溢也。蔽，覆蓋也。[19]

以王弼在此提出一個重要論述引申，好的領導者在管理上不會輕易讓人察覺到他的情感表露，也不會令人知曉猜測到下一步的行動方案。他清楚知道，置於幽暗之處，不輕易表態自己主張，才能看清事物發展脈絡。換言之，領導者保持一種以靜制動的高度洞察力，這樣才能清楚看見外在一切變化；領導者因可清楚洞察外在事物之萬變發展，也才能找到時時更新之方法，這樣更可以處在變化混濁之中生存下來。好的企業是動見觀瞻，時時更新深化，讓狀態引領在最前面。這

19 〔春秋〕老子，〔晉〕王弼注，樓宇烈校釋：《老子王弼注校釋》，頁33。

樣心態建立之後，老子再加以提出其觀點：

> 反者道之動；弱者道之用。天下萬物生於有，有生於無。[20]

「道」，它藉由相反力量交互作用，便促成循環往復的運動；柔弱是「道」作用的一種呈現。自然中萬物始於「有」形，有形一切既源自於「道」。也就是說，老子認為「道」運行規律是具有雙向作用且循環往復的，可使極柔至剛強，反之亦然。而天下萬物都具其形象，這些形象事物循環往復的內在規律，背後正隱含了一種創新必要的「逆向思維」。王弼也說：

> 高以下為基，貴以賤為本，有以無為用，此其反也。動皆知其所無，則物通矣。故曰，反者道之動也。柔弱同通，不可窮極。天下之物皆以有為生，有之所始，以無為本，將欲全有，必反於無也。[21]

王弼認為一切事物皆客觀存有方向性。至極就會在返向，不斷循環往復。

研究台積電在企業經營，創新能力已經超越一般認知於產品技術上開發創新，更涵蓋至組織流程管理中。要獲得生產量的高產出，就過去企業經營認知是必須投入相對人力資源及時間。然而台積電卻反其道行之，「要求所有人員不能習以為常，必須重新檢討各項組織流程設計的必要性，藉以達到縮短工時達到週工時在五十小時內。」[22]

20 〔春秋〕老子，〔晉〕王弼注，樓宇烈校釋：《老子王弼注校釋》，頁109。

21 〔春秋〕老子，〔晉〕王弼注，樓宇烈校釋：《老子王弼注校釋》，頁109。

22 商業周刊：《器識》，頁50。

而這也更深刻的呈現一種循環往復「反省」的價值，台積電各單位每隔一段時間必須再行檢視執行管理方法的適切程度，不斷更新方法。把節約下來珍貴的人力資源，投入聚焦於客戶最需要解決的問題及組織各項重要事務推動上。

五　共榮共好：包容並蓄的策略聯盟

在全球商業世界運行規則中，每一個產業幾乎都有少數獨大的企業彼此互相競合；在這樣環境中，每一個獨大的企業皆會去尋求符合自身利益的資源，而組合聯盟關係，形成動態競爭。就如同在春秋戰國時期，原以周天子為尊的禮制，在天子權力式微後，大小諸侯國林立，每個諸侯國為了在這變動時局中，能生存下來，彼此互相合縱又競逐。因此，這種聯盟競合的策略在老子論述中也有提及。《老子》云：

> 大國者下流，天下之交，天下之牝。牝常以靜勝牡，以靜為下。故大國以下小國，則取小國；小國以下大國，則取大國。故或下以取，或下而取。大國不過欲兼畜人，小國不過欲入事人。夫兩者各得其所欲，大者宜為下。[23]

老子認為，所謂大國的格局應該是蘊藏豐富生機，更是可因應客觀環境需要，包容吸引，匯聚眾人的地方。像天下的雌性通常用以安靜處於下位的姿態企圖來戰勝雄性。所以一個大國能以謙讓獲得小國信任，便能取得小國歸附；小國能誠心順服於大國之下，就能被大國照

23 〔春秋〕老子，〔晉〕王弼注，樓宇烈校釋：《老子王弼注校釋》，頁159。

顧。無論是何做法，大國最終目的是想收撫小國歸附，小國也只不過是想攀附於大國獲得幫助，如果兩者都想達到自己的目的，那麼大國謙讓於小國這應是較適切的方法。王弼對此則是這樣作詮釋：

> 江海居大而處下，則百川流之，大國居大而處下，則天下流之，故曰，大國下流也。天下所歸會也。靜而不求，物自歸之也。以其靜故能為下也，牝，雌也。雄躁動貪欲，雌常以靜，故能勝雄也。以其靜復能為下，故物歸之也。大國以下，猶云以大國下小國。小國則附之。大國納之也。言唯修卑下，然後乃各得其所。小國修下自全而已，不能令天下歸之，大國修下則天下歸之。故曰，各得其所欲，則大者宜為下也。[24]

無論是從老子還是王弼所說都可知，若大國小國都想獲益，那麼除了兩者都必須在彼此位置上做出努力外，從最根本的利益出發，大國的主動謙下給予小國必要協助，進而就是保護自身利益。在西方管理學供應鏈理論中可知，「供應鏈管理的目的是以建立及保障主要利益公司為主軸核心的一個企業團隊或聯盟。通常由規模最大並擁有關鍵能耐的核心企業所組合。包含了關鍵供應商、生產製造者、提供服務者。在此模式下，由核心企業建立一套適合於競爭環境的制度及每個個體承擔不同角色及功能的共識。最終能在商業競爭中勝出，保障核心企業最大利益，每個個體也因而受惠獲得不同的利益。」[25]身為世界晶圓代工龍頭廠商，其企業關鍵戰略位置的重要性牽動了全球政經局勢的變化。為了維繫本身企業高度競爭力，以及世界半導體產業領

---

24 〔春秋〕老子，〔晉〕王弼注，樓宇烈校釋：《老子王弼注校釋》，頁159。

25 〔美〕Stanley E. Fawcett, Lisa M. Ellram, Jeffrey A. Ogden，梅明德編譯：《供應鏈管理：從願景到實現：策略與流程觀點》（臺北：臺灣培生教育，2015年），頁6。

先地位的角色，鞏固整合重要資源，協助穩定其地位更是重要的課題。考量世界政經情勢，以國家戰略高度結合保護自身企業利益為主軸，所自主形成的「台積電大聯盟」儼然而生。在台積電訂定的一套供應鏈管理機制中，聯盟內的七百多家關鍵廠商，一方面必須誠順於此管理機制運作。另一方面，它提供資源協助廠商提升優化自身能耐，因此配合國家政策，在這機制運行下，圍繞以台積電為核心企業所形成的聯盟，每個別廠商也創造出共榮共好的盛況。半導體產業供應在地化、原物料、設備自給自製比率提升，除了使台積電在半導體產業競爭持續領先勝出，也令其他競爭者遙望，同時更讓臺灣在產業經濟上大幅度的提高競爭力，甚至成為世界詭譎多變的局勢與大國競合中不可或缺的關鍵資源。

因此，除了其在企業經營所採的策略與春秋時代老子所提之哲學思想亦可見對論述之新詮釋參考外，更靈活延伸運用在現今全球化商業競爭環境中，使其居於產業龍頭地位；同時讓臺灣在世界大國爾虞我詐的競合關係下，成為重要戰略屏障。

第二節　形構組織：因循時勢建構行動力團隊

根據現今企業經營對管理的定義，管理係指源自企業領導者領導力之延伸，並體現於組織營運中達成目標之成效展現。對於現今企業經營領導者的啟示即為，領導者「因時、因勢」面對複雜多變的時空背景所定訂對齊之各階段目標，依其組織成員潛能，建構不同適切的營運組織架構、管理實踐之效益良窳尤為關鍵重要，這也讓企業組織在以核心能耐面臨目前全球競爭激烈的商業環境中可以不斷保有優勢並立足生存。進一步闡述，企業經營領導者架構組織最重要之任務為達成願景目標。而實踐過程中，架構組織中每一成員潛能與企業核心能耐發揮之綜效，高度影響企業適應商業競爭環境之生存。因此，本節以《老子》治理之術為借鑑，除引申前述典範企業與《老子》相適之致勝策略外，並以領導者管理出發，探討其管理上架構組織其三個重要的組織力與欲達成的組織目標所建構交集而成關係，如見圖4-2。

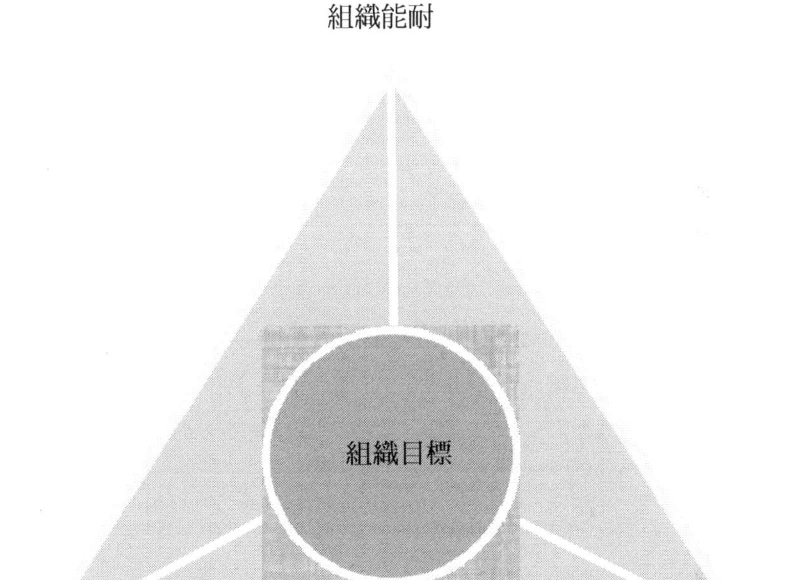

圖4-2　組織力核心要件與目標關係

來源係本論文研究者繪製

本節所論述的組織力架構與目標即以老子思想為主要核心，對照西方管理學理論，再以前述典範企業與 Z 個案公司個案此兩者不同型態規模企業案例應用之相適程度加以展開探討。

一　組織架構：「循序而進」的執行團隊

組織的存在是因由領導者欲達成某種目標被賦予管理的責任因應而生的架構。企業營運各階段無論規模大小如何，本質上由領導者為核心出發到建立其組織，所建構的組織一定是簡單到繁複，而且是因市場變化與客戶需要所建立的適切組織結構。這樣的架構過程在《老子》中已有說明。《老子》云：

> 道生一，一生二，二生三，三生萬物。[26]

老子藉由對自然規律的觀察領悟指出，「道」獨一無二、混成自生，再分化惟陰陽二氣，陰陽相交而形成一種和諧的狀態，萬物即在此狀態中孕育而產生。這論述中說明了「道」創生萬物的歷程。道，獨立無偶。它是創造萬物的源頭，創造萬物的過程簡單於兼具萬物繁衍生存的多樣性，也由此過程可知萬物根源也來自於道的存在。這也說明了，在人類社會所建構的國家政治體系或企業經營，也是順應了自然運作的法則，其領導者便是創造組織的根源，沒有領導者便無法創造形成一個組織運行。對於老子的闡述，王弼再加以詮釋說明：

> 萬物萬形，其歸一也，何由致一，由於無也。由無乃一，一可謂無，已謂之一，豈得無言乎。有言有一，非二如何，有一有二，遂生乎三，從無之有，數盡乎斯，過此以往，非道之流，故萬物之生。[27]

---

26 〔春秋〕老子，〔晉〕王弼注，樓宇烈校釋：《老子周易王弼注校釋》，頁117。
27 〔春秋〕老子，〔晉〕王弼注，樓宇烈校釋：《老子周易王弼注校釋》，頁117。

王弼以萬物創生源頭來自於道的反向詮釋，補充老子的說法，並與老子抱持相同觀點。由萬物回推其本源，創生於有與無，最後又回歸於道，「道」仍是萬物之始。而對於「道」運行的原理及姿態，老子又接著補充闡述。《老子》云：

> 有物混成，先天地生。寂兮寥兮，獨立不改，周行而不殆，可以為天下母。[28]

老子提出有一種渾然天成、不可分割的東西，早在天地形成前就已經存在了。它非常的寂靜、空虛，獨立存在且永不改變。寂靜的聽不見它的聲音，無形無狀的也看不見形體，它不藉任何外在力量而循環往復、運行不息，卻不疲勞，因不懈怠就不造成危險。故得延伸詮釋於領導者與組織間相輔相成的關係。企業領導者更因循效法自然的循環往復，努力不懈怠的經營以不招致危害而存在於市場。王弼對此再加以注解及申述：

> 混然不可得而知，而萬物由之以成，故曰混成也。不知其誰之子，故先天地生。寂寥，無形體也。無物之匹，故曰獨立也。返化終始，不失其常，故曰不改也。周行無所不至而免殆，能生全大形也，故可以為天下母也。[29]

由上可知，王弼對於道所存在衍化的說法是，以補充以此一物「不失其常、不殆」所以才能為天下之根源的看法，與老子相互呼應。是以上端論述來觀察考證今時企業運作組織建構及演進，被譽為歐洲管理

---

28 〔春秋〕老子，〔晉〕王弼注，樓宇烈校釋：《老子周易王弼注校釋》，頁63。

29 〔春秋〕老子，〔晉〕王弼注，樓宇烈校釋：《老子王弼注校釋》，頁63。

學大師佛瑞蒙德・馬利克（Fredmund Malik）對於組織的觀點提及：「組織是一個複雜的系統，使其能夠自我組織、自我調節、自我更新、並進一步自我演化。」[30]而再與現今世界知名企業台積電在經營管理之組織架構印證，領導者在創辦企業所架構的組織設計並不會隨企業成長而組織變成層次複雜繁瑣，反而更是保持一種彈性簡單，符合快速反應溝通之原則。也因保持簡單彈性架構，日日循環往復，不懈怠的經營，更可以適應市場的生存競爭法則。台積電創辦人張忠謀對公司組織管理的架構曾有這樣說明：「一般企業組織在營收成長以後經常會隨之膨脹容易形成金字塔式的結構。這會造成基層向上傳達訊息至高層時間變長，溝通效率不良。這樣的結構也容易會發現各層級中小單位變多，主管附加價值變低。在台積電組織管理所採的是扁平化結構，也就是去除掉不需要的層級設計，同時將同層級中功能屬性相近小單位合併，主管更可以互相參與不同單位管理。這樣既加快上下溝通效率，同時也強化主管的附加價值與職能。」[31]而呼應現今企業經營組織結構類型設計，在西方亨利・閔茲伯格（Henry Mintzberg）於一九八三年在《五種組織結構：有效組織的設計》提出五種組織架構理論。其中以簡單型與功能型結構為主與上述論述及實務經營應用可以互相印證。針對簡單型與功能型結構先加以闡述：

1. 簡單式結構（Simple Structure）：這種型態結構適合用於低複雜度，控制溝通幅員較小的單位，權力一般狀態是集中於單位最高主管。簡單式結構又稱扁平化結構，通常只有不超過三個垂直階層結構，構成簡單；其結構低正式化、低複雜化、高度集權化，因此溝通反應快，決策流程迅速。而簡單型組織也適合於企業草創時期或是在

---

30 〔奧〕佛瑞蒙德・馬利克（Fredmund Malik）著，李芳齡、許玉意譯：《管理的本質》（臺北：天下雜誌，2019年），頁212。

31 商業周刊：《器識》，頁154。

公司內轉型新創事業之結構建設。

2. 功能式結構（Functional Structure）：這種型態結構建立於以專業或服務性質為分別的組織。通常適用於中大型企業，專業背景相似或相關專才人員會因功能上需要而組織在一起，藉以完成目標任務。以企業經營時期說明，當企業經營進入成長期時，是以「客戶」為思考中心依照不同專業分工組合之服務型組織結構展現之效益較高，通常較為令客戶滿意。

研究 Z 個案公司在創業初期至今，針對組織架構設計分析。Z 個案公司在草創階段因任務單純所以組織簡單，企業經營領導者與員工在訊息上下傳遞、問題溝通快速；而隨企業茁壯成長，人員已經為創業期十倍之人數，為了保持溝通快速，維持工作上效率及組織彈性，Z 個案公司在組織階層上只設計三個層級：決策主管層級、事業部門主管層級、前線專案服務層級，而橫向組織設計部分則按其專業功能定位。這目的就是要消弭不必要的管理流程，讓客戶訊息及組織工作能上下流動暢通，機制運作效能提升而又有專業功能的輔助支持。由上可知，個案公司與典範企業在規模及商業模式型態雖迥然有異，但在組織架構設計精神概念本質上皆採取相近的作法。為了因應現今複雜的商業經營環境，除上述組織結構外，一般企業皆會搭配不同組織結構設計來符合市場上的環境變化。

3. 任務編組結構（Task-Force Structure）：這種型態結構經常是因暫時性專案制任務需要而設計。目標任務、時間效期定義清楚，人員一般為臨時性集成，完成任務隨即解散或再編成其他新專案組織。研究 Z 個案公司在因應市場環境變化及目標任務需要下，也採取任務編組結構與上述兩種結構混合同時並存的組織設計，最終目的皆是欲達成客戶託付不同型態之任務、解決客戶問題。

4. 分部型結構（Divisional Structure）：這種結構通常設計於大型

企業經營。所採用的是以產品為劃分的事業體為主軸，各自獨立運作。在企業實務經營上除財務、人事、採購等統一管理流程或與職掌企業文化相關之組織外，各分部事業體必須自負盈虧。

5. 矩陣結構（Matrix Structure）：這種結構綜合了功能型與分部型兩種混合性組織。通常設計於新產品計畫，須結合兩項專業協調的組織編成。[32]為了因應新市場變化，近十餘年興起另一種新型態組織結構為：網路結構（Network Structure），也稱虛擬組織，其主要設計發想為企業只需專制於保有本身核心能耐，並將其他任務外包出去。這樣的組織型態有彈性大，回應市場速度快速等優勢。

老子「道」的論述在與近代組織結構理論中對應，確實呼應了簡單式結構的任務編成。但從世界知名企業經營及個案公司研究發現，因應全球商業環境複雜多變且競爭加劇的經營型態，只能滿足部分任務需要。在考量管理實際任務需要的情況之下，企業更要有其他更彈性的組織架構設計，以達成企業經營所設定目標。

二　組織管理：「因循為用」的治理法則

企業領導者在組織管理方式，重要的核心精神就是以在不同的企業經營週期能夠「因時」、「因勢」調整其管理方法。春秋時代，老子所闡述的「無為而治」即是以人性、社會、政治制度皆是順應自然為主張。也因如此，其所採行的管理方式更是符合以自然為最高的運行法則。對於現今企業組織管理，在春秋時代，老子在順應自然的法則及人性兩面有其看法及論述。老子認為君王在治理國家必須先符合順應自然之道。《老子》云：

---

32 摘引陸洛、高旭繁：《組織行為：以人為本．優化管理》，頁303-307。

> 道常無為而無不為。侯王若能守之，萬物將自化。化而欲作，吾將鎮之以無名之樸。無名之樸，夫亦將無欲。不欲以靜，天下將自定。[33]

老子認為，「道」的運行是順應任由自然而沒有自己的執著及妄念的，也因此才得以孕育萬物任其發展。國家君王如果遵循「無為」順應自然之法則，那麼天下萬物就會自我化育「自化」。萬物遵循此運行規律後若有欲望產生，則再以「道」來鎮伏萬物，也就是任其「自滅」；一切還原於自然的規律，就不會產生多餘的欲望。用這樣的作法，人們一樣會回到樸質的狀態，而安靜下來，天下也因此而穩定安寧。這意謂領導者以身作則，順應自然而「無為」，天下萬物都由此而治，企業經營亦是如此。對於此闡述，王弼再加以詮釋：

> 順自然也。萬物無不由為，以治以成也。化而欲作，作欲成也。吾將鎮之無名之樸，不為主也。無欲競也。[34]

由此可見，王弼認為應順應自然的「無為」。因為以「道」來鎮伏萬物，無論是物還是人，都不會產生意見；沒有歧異，就不會有所爭，天下便起不了爭端。老子再以「無為」而云之：

> 為無為，則無不治。[35]

老子認為，君王以「無為」順應自然的態度及方法在治理國家，處理

---

33 〔春秋〕老子，〔晉〕王弼注，樓宇烈校釋：《老子王弼注校釋》，頁91。

34 〔春秋〕老子，〔晉〕王弼注，樓宇烈校釋：《老子王弼注校釋》，頁91。

35 〔春秋〕老子，〔晉〕王弼注，樓宇烈校釋：《老子王弼注校釋》，頁8。

政務，天下都可以治理得很好。人民也因此會順應自然規律而行，不須社會制度以規範約制。在治理國家所採行之政治手段，老子認為也必須考慮人性的面向。《老子》云：

> 以正治國，以奇用兵，以無事取天下。吾何以知其然哉？以此：天下多忌諱，而民彌貧；民多利器，國家滋昏；人多伎巧，奇物滋起；法令滋彰，盜賊多有。故聖人云：我無為，而民自化；我好靜，而民自正；我無事，而民自富；我無欲，而民自樸。[36]

老子闡述說明，君王用正統的方式治理國家，用特殊的方法帶兵打仗，用自然無為的手段取得天下。如何知道這個道理呢？這是因為：天下的忌諱之事越多，百姓就更貧困；百姓掌握的器械越多，國家就越趨混亂；人們所擁有的技巧越多，奇異的事物就會因此而起；法律條文越是明確，偷盜之人也就更會增加。也因此，統治者政治上一切順應自然，天下百姓就能自然的歸化；統治者安靜，天下百姓就能自然的安穩；統治者輕政簡令，天下百姓就能自然的富裕；統治者沒有過多欲望，天下百姓就能自然的回歸純樸。這即是闡述領導者在政治上清靜無為，順應自然規律治國是最重要的，並道出「無為」對治國治民的效用。王弼則針對老子的論述加以延伸：

> 以道治國則國平，以正治國則奇正起也，以無事則能取天下也。上章云，其取天下者，常以無事，及其有事，又不足以取天下也。故以正治國則不足以取天下，而以奇用兵也夫。以道

36 〔春秋〕老子，〔晉〕王弼注，樓宇烈校釋：《老子王弼注校釋》，頁149。

治國，崇本以息末，以正治國，立辟以攻末，本不立而末淺，民無所及，故必至於奇用兵也。利器，凡所以利己之器也。民強則國家弱。民多智慧則巧偽生，巧偽生則邪事起。立正欲以息邪，而奇兵用多；忌諱欲以恥貧，而民彌貧；利器欲以強國者也，而國愈昏多。皆舍本以治末，故以致此也。上之所欲，民從之速也。我之所欲，唯無欲而民亦無欲自樸也。此四者，崇本以息末也。[37]

王弼將老子所說加以解釋，領導者以正治國，因為根本未立，反而有可能使奇正起；由此，民漸強而國漸弱，國家根基不穩，人心不定，百姓不平，必將釀成大禍，動搖國本。因此王必也認同必須無事才可取天下的想法。接著，《老子》又云：

為學日益，為道日損。損之又損，以至於無為。無為而無不為。取天下常以無事，及其有事，不足以取天下。[38]

老子認為，君王所學知識越多，越會延伸在求知的欲望而沒有盡頭，在「道」的成果就會日益減少。而學「道」，欲望則會一次次減少，兩者是不同方向的道路，這樣才會修到順應自然「無為」的境界。因此要不斷的減損求知欲望，以至可以任其自然，任其自然便可無所不為。所以要取得天下，治理國家的統治者就不應該有過多繁苛政令去打擾百姓；如果將這些政令推展出來，就無法取得天下、治理天下。王弼針對此說加以延伸：

37〔春秋〕老子，〔晉〕王弼注，樓宇烈校釋：《老子王弼注校釋》，頁149。

38〔春秋〕老子，〔晉〕王弼注，樓宇烈校釋：《老子王弼注校釋》，頁127。

> 務欲進其所能，益其所習。務欲反虛無也。有為則有所失，故無為乃無所不為也。動常因也。自己造也。失統本也。[39]

王弼認為，要增進自己的知識，就必須返回到心虛無樸實的狀態。當有所作為就會造成損失，若不刻意人為作為，那便是無所不能為。所以人性上自己造就了有為的動機，那必然與統治的本質相違背。因此，老子及王弼都認為自然無為對統治是非常具有重要性的，而自然的意義其實並非指現今所認知的自然環境。劉笑敢說：「在先秦的典籍中，自然就是自然而然的意思。自然是事物存在的一種狀態，當我們談到自然時，可以指自然界的情況，但在更多的情況下則是指與人類和人類社會有關的事物。道家講自然，其關心的焦點並不是大自然，而是人類社會的生存狀態。」[40]故在企業的管理運行中也是如此，需要關注的會是整體成員的調配狀態。以目前西方企業經營最新的組織管理方式，一種倡議「全員共治」的新管理方式正逐漸被企業所實驗採用。「全員共治」主要有兩方面的核心理念必須被滿足：其一是，組織內權力必須由最高領導者完全分配下放至最小單位成員，最高領導者亦不再是絕對權力的最後決定者，不指揮干涉組織成員方向運行，並打破中間層級，讓每一位組織成員真正擁有權力，領導者也是成員一環中之一。其二是，權力下放到每一位成員的過程中，權力的轉移、使用皆被詳細記錄於組織章程中。「全員共治」的組織章程是一份通用的使用手冊，每一位成員必須清楚並依照規範運行。[41]

研究Z個案公司組織管理方式，在目前公司所處於成長期經營階

---

39 〔春秋〕老子，〔晉〕王弼注，樓宇烈校釋：《老子王弼注校釋》，頁127。

40 劉笑敢：〈老子自然與無為-古典意涵與現代意義〉，頁29。

41 〔美〕布萊恩．羅伯森（Brian J. Robertson），張正苓，胡玉城編譯：《無主管公司》（臺北：三采文化，2016年5月），頁41。

段，所採行的是依照階層由上而下管理的方式。在老子「無為而治」下的全員自主管理論述或西方目前開始倡導的「全員共治」的管理方式，在企業經營實務上僅適用於公司內部新創部門。新創部門因其工作性質，需要高度的創意開發，員工在理解公司文化有一致價值觀之前提下，為達成公司目標，可以自訂並遵守所訂定「自主管理」規範，而公司也可在此相同的前提下，將目標管理決定權下放至部門成員，不干預其部門內管理機制，由各成員自主管理，讓成員可發揮天賦。這種運作方式即趨近於「無為而治」的理念。

三　組織能耐：「逆向思考」的創新本領

企業追求持續成長擁有專業上的核心能耐是生存必要條件，這是建立在一個「更新自己」的心態及擁有「逆向思維」的能力。除此之外，公司與組織成員應在組織內打造一個能夠培養組織能耐的環境制度，成員也必須建立具備核心能耐的心態。這樣的觀念可與老子的想法相輝映，《老子》云：

> 曲則全，枉則直，窪則盈，弊則新，少則得，多則惑。[42]

老子在此說到，委屈反而能保全，屈折反而得以伸直，低窪而能夠盈滿，凋敝反而可以新生，少取反而能得，貪多反而導致迷惑。領導者應以萬物於自然生存的現象省思，在企業經營帶領組織創新的思維必須有其認知，創新並非一蹴可幾。這是歷經曲折、反思、謙虛、更新、不自滿現狀，長期累積才會培養出的能耐。王弼則說：

---

42 〔春秋〕老子，〔晉〕王弼注，樓宇烈校釋：《老子王弼注校釋》，頁55。

不自見其明則全也。不自是則其是彰也。不自伐則其功有也。不自矜則其德長也。自然之道亦猶樹也，轉多轉遠其根，轉少轉得其本。多則遠其真，故曰惑也；少則得其本，故曰得也。[43]

據此而推衍出，領導者要以「不自逞己見、不自以為是、不自我炫耀、不自我尊大」等做法才能回到自身主體，這也就是「自然」之道；就如同樹一樣，葉子長得越茂密就會離根越來越遠，葉子發得少才能回到本源。也就是當有些作為過多，就會致使迷惑，少才是真正的得到。而關於創新，對台積電在此方面成就的結果，張忠謀先生提到了：

創新來自於苦思或靈感產生的洞察。[44]

探究這句話其背後的精神是，公司建立了一個學習型的組織制度並由領導者起而帶頭營造組織學習氛圍環境，而組織成員透過這樣有制度、有目標、有紀律的持續不斷學習，並配合獨立思考的養成來建立屬於組織的能耐。

研究 Z 個案公司在建立組織能耐的制度發現，個案公司領導者在公司從草創期進入成長時期前就清楚知道組織運行除專業外，還需要為數不少的管理專才。隨著典範企業客戶規模不斷成長與擴展，Z 個案公司更需要發法於典範企業，並根據實際營運資源，逐步打造一個適合於公司「學習型組織」，建立組織能耐。

Z 個案公司根據公司所架構的扁平化組織所設計階層，依照功能需要訂定不同部門與職務角色。所對應的交集為各職級所需接受培育

43 〔春秋〕老子，〔晉〕王弼注，樓宇烈校釋：《老子王弼注校釋》，頁55。

44 商業周刊：《器識》，頁117。

的教育訓練，如表4-1、4-2、4-3、4-4、4-5所示。（表4-1、4-2、4-3、4-4、4-5來源為本論文研究 Z 個案公司提供）。基層職務所學習專業度高，職務層級越高，針對個人客製化管理技能培育學習課程程度越高。可參見第163頁，圖4-1之說明，職務層級越高之主管，給予之激勵方法也有所不同，更需用以精神層次方面的內在激勵策略來滿足自我價值實現。在觀察 Z 個案公司，T 領導者以身作則，不斷自我督促，接受跨領域新的職能學習作為組織成員榜樣，打造全員學習的環境。

表 4-1　Z 個案公司建立組織能耐教育訓練培育

公司職級	對外職稱	課程層級編碼	營運管理部（M）	
			訓練課程	
			內訓	外訓
			ID	OD
總經理 副總 執行副總 （協理）	總經理	A	不同專業分工部門執掌合計3年以上經歷	國立管理碩士班（需取得MBA/EMBA學位）
	協理 副總經理 執行副總經理	B		國立管理碩士班（需取得MBA／EMBA學位）
部門經理 部門副理	部門經理 部門副理	C		1. 跨部門溝通與協調課程 2. 組織設計與管理 3. 非財會背景主管人員 4. 應如何閱讀與分析財務報表之方法實務（進階） 5. 情緒管理與壓力紓解 6. 動態領導統御課程 7. 卡內基課程

公司職級	對外職稱	課程層級編碼	營運管理部（M）	
			訓練課程	
			內訓	外訓
			ID	OD
工程師	產品經理（行銷部） 產品經理（工程部） 專案副理（工程部）	D		1. 非財會背景主管人員應如何閱讀與分析財務報表之方法實務（初級） 2. 人力資源管理（人力資源管理師認證班） 3. 職場心理學
	工程師（工程／環安／研發部） 行政專員（管理部） 業務專員（行銷部）	E	1. 8小時新人訓 2. 熟悉公司日常表單 3. 熟悉Google作業平臺 4. 基礎五金材料／氣體材料認識（採購所需知識） 5. 熟悉公司管理制度	
	助理工程師（工程部／環安部）			

表 4-2　Z 個案公司建立組織能耐教育訓練培育

公司職級	對外職稱	課程層級編碼	市場行銷部（S）	
			訓練課程	
			內訓	外訓
			ID	OD
總經理 副總 執行副總 （協理）	總經理	A		
	協理 副總經理 執行副總經理	B		國立管理碩士班（需取得MBA/EMBA學位）
部門經理 部門副理	部門經理 部門副理	C		1. 跨部門溝通與協調課程 2. 行銷管理 3. 客戶關係管理 4. 建立高戰鬥力業務銷售團隊培訓課程 5. KPI關鍵績效指標與強化個人業績發展實務訓練課程 6. 情緒管理與壓力紓解 7. 動態領導統御課程 8. 卡內基課程
工程師	產品經理（行銷部） 產品經理（工程部） 專案副理（工程部）	D		1. 消費者行為 2. 數位行銷 3. 職場心理學 4. 領導統御訓練課程 5. 問題分析與解決專業培訓課程
	工程師（工程／環安／研發	E	1. 8小時新人訓 2. 熟悉公司日常表單	1. 業務專業人才培養培訓課程

公司職級	對外職稱	課程層級編碼	市場行銷部（S）	
			訓練課程	
			內訓	外訓
			ID	OD
	部） 行政專員（管理部） 業務專員（行銷部）		3. 熟悉Google作業平臺 4. 基礎五金材料／氣體材料認識（採購所需知識） 5. 公司產品訓練 6. 報價成本邏輯 7. 各客戶報價／請款平臺操作訓練 8. 基礎Autocad繪製能力	
	助理工程師（工程部／環安部）			

表 4-3　Z 個案公司建立組織能耐教育訓練培育

公司職級	產品工程部（E）	
	訓練課程	
	內訓	外訓
	ID	OD
總經理 副總 執行副總 （協理）		
部門經理 部門副理		1. 跨部門溝通與協調課程 2. 職場心理學 3. 領導統御訓練課程 4. 情緒管理與壓力紓解 5. 動態領導統御課程 6. 卡內基課程
工程師	1. 專案現勘教學（供業務部報價） 2. 專案管理 3. 半導體製程介紹 4. 製程全系統專案介紹 5. 潔淨室專案介紹 6. 工程規範書製作教學 7. 完成專案後自製專案教學為其他同仁上課。	1. 問題分析與解決專業培訓課程 2. 丙級業務主管證照 3. 特定化學主管
	1. 氣體材料介紹 2. 五金介紹 3. 五項測試介紹 4. 氣體供應系統介紹 5. 基礎焊接認證（公司內部認	

公司職級	產品工程部（E）	
	訓練課程	
	內訓	外訓
	ID	OD
	證）	
	1. 8小時新人訓 2. Excel/Word基本作業 3. 公司產品訓練 4. 基礎工作技能（師父教授） 5. 工作現場安全教育 6. 熟悉公司日常表單 7. 熟悉Google作業平臺	1. 六小時工安訓

表 4-4　Z 個案公司建立組織能耐教育訓練培育

公司職級	技術研發部（RD）	
	訓練課程	
	內訓	外訓
	ID	OD
總經理 副總 執行副總（協理）		
部門經理 部門副理		1. 跨部門溝通與協調課程 2. 職場心理學 3. 領導統御訓練課程 4. 情緒管理與壓力紓解 5. 動態領導統御課程 6. 卡內基課程
工程師		
	1. 8小時新人訓 2. 熟悉公司日常表單 3. 熟悉Google作業平臺 4. 基礎工作技能（師父教授） 5. 公司產品訓練 6. 基礎Autocad繪製能力	1. 六小時工安訓。 2. 問題分析與解決專業培訓課程。 3. 電子機構元件認識。 4. 創造力、邏輯力提升技巧課程。

表 4-5　Z 個案公司建立組織能耐教育訓練培育

公司職級	環安管理部（SA）	
	訓練課程	
	內訓	外訓
	ID	OD
總經理 副總 執行副總（協理）		
部門經理 部門副理		1. 跨部門溝通與協調課程 2. 職場心理學 3. 領導統御訓練課程 4. 情緒管理與壓力紓解 5. 動態領導統御課程 6. 卡內基課程
工程師	1. OHSAS教育訓練	1. 問題分析與解決專業培訓課程 2. 有機溶劑作業主管
	1. 熟悉公司日常表單 2. 熟悉Google作業平臺 3. 工作現場安全教育 4. 公司產品訓練	1. 丙級業務主管證照 2. 特定化學主管
	1. 8小時新人訓 2. 現場工作教學（師父教授）	1. 六小時工安訓

四　組織目標：「按部就班」的躬行實踐

實現企業領導者所設定的經營目標是組織存在的意義，也是組織最重要的任務。而企業領導者必須參酌外在商業環境變化，在企業經營不同階段訂定與適應於外在環境需要之適切目標，以追求長期目標達成並得以永續發展。再從另一路徑闡述組織目標意義：組織目標可以說是領導者根據其組織成員潛能專才架構組織，由其成員潛能同交集而實踐之最終結果。這實踐過程的內涵精神在春秋時代老子有其論述。《老子》云：

> 善建不拔，善抱者不脫，子孫以祭祀不輟。修之於身，其德乃真；修之於家，其德乃餘；修之於鄉，其德乃長；修之於國，其德乃豐；修之於天下，其德乃普。故以身觀身，以家觀家，以鄉觀鄉，以國觀國，以天下觀天下。吾何以知天下然哉？以此。[45]

老子認為善於創建功業的領導者不會使功業動搖，善於保持功業的人亦不會使功業喪失，這樣的人作為領導者，子子孫孫都會祭祀他，香火不斷。以「道」來修身，他的「德」自然就會真實質樸；以「無為」之「道」來治家，他的「德」就會豐碩充裕；以「道」來治鄉，他的「德」就會受到鄉里尊崇；以「道」來治國，他的「德」就會繁榮昌盛；以「道」來治天下，他的「德」就會普及於天下。按以上所說的去做，就可以透過修己以觀察他人，透過齊家以觀察別的家庭，透過自鄉里觀察其他鄉里，透過治理國家觀察他國，透過治理天下而

---

45 〔春秋〕老子，〔晉〕王弼注，樓宇烈校釋：《老子王弼注校釋》，頁143。

觀察全天下。如何去判斷天下的狀況呢？就是根據以上的準則如此。這清楚說明了，領導者經營企業是要先建立長遠目標，而透過持之以恆從自身到他人而致團隊，由短期而至長期目標去完成，一步步達成長期宏遠目標願景。王弼亦有云：

> 固其根而後營其末，故不拔也。不貪於多，齊其所能，故不脫也。子孫傳此道以祭祀則不輟也。以身及人也，修之身則真，修之家則有餘，修之不廢，所施轉大。彼皆然也。以天下百姓心觀天下之道也，天下之道，逆順吉凶，亦皆如人之道也。此上之所云也。言吾何以得知天下乎，察己以知之，不求於外也，所謂不出戶以知天下者也。[46]

將根本堅固了之後才能往下經營，以使根基堅忍不拔；不貪求多，保持其所能，才能免於喪失，子孫傳遞這樣的「道」，也就不會斷絕。如同老子所說，以「道」修身進而層層推演而後可以定國安邦，因而王弼在此提出要得天下須反求諸已，不必外求，也才是不出門而能知天下。對於實踐目標所需的耐心意志，老子更有了進一步清晰論述。《老子》云：

> 合抱之木，生於毫末；九層之臺，起於累土；千里之行，始於足下。為者敗之，執者失之。[47]

老子再以植物由細微到長成，社會的成就，人類行為目標的達成來說明：需要多人合抱之大樹，開始生長於細小之根芽；成就九層之高

---

46 〔春秋〕老子，〔晉〕王弼注，樓宇烈校釋：《老子王弼注校釋》，頁143。

47 〔春秋〕老子，〔晉〕王弼注，樓宇烈校釋：《老子王弼注校釋》，頁166。

臺，是由一框框的泥土所堆累；千里遙遠之目標，更是由踏出腳下第一步開始累積而抵。無謂主觀想法則會招致失敗，過於執著既容易失去。這些行為都是在自然中有規律的運行，而再進一步觀察闡述之，萬物發展要在本質上改變，必經歷一段時期量的累積。對此，王弼亦再加以補充闡述。王弼注釋曰：「當以慎終除微，慎微除亂，而以施為治之形名，執之反生事原，巧辟滋作，故敗失也。」[48]一個領導者治天下，完成目標也必須採順應自然的方法，不要刻意強加自己的方法在百姓身上，這樣施政就不致失敗，也不會失去百姓愛戴。佛瑞蒙德・馬利克（Fredmund Malik）對於應當如何有效管理組織，提出一個簡潔卻切中關鍵的論述，他說明：「組織有效管理的第一項任務就是提供目標。」[49]這個觀點在臺灣現今企業經營，張忠謀先生再進一步闡述了企業組織目標也就是設定願景及實踐的重要性；在企業經營過程中，領導者設定願景是有用的，但也絕非重要。「真正關鍵是在於，其一，組織內全體成員是否認同。其二為組織內成員是否因此改變行為，共同為達成願景付出努力。」[50]而領導者首先設定的是公司長遠目標，並且在設定長期目標後即協助排除困難、督導培育組織內成員為實現長期目標所訂定之中、短期計畫努力。

茲以研究 Z 個案公司為例：個案公司之組織架構及管理方式皆依不同階段的短、中期目標達成所設計。短、中期目標也緊扣住公司領導者所訂之長期願景發展為依歸。並且在實踐中遵循以下重要原則：其一是目標方向是否簡單、清楚、務實；其二是長期目標制定後，是否取得組織內各分部主管或成員認同並凝聚共識訂定各分部目標；其

48 〔春秋〕老子，〔晉〕王弼注，樓宇烈校釋：《老子王弼注校釋》，頁166。

49 〔奧〕佛瑞蒙德・馬利克（Fredmund Malik）著，李芳齡、許玉意譯：《管理的本質》（臺北：天下雜誌，2019年11月），頁195。

50 商業周刊：《器識》，頁146。

三是目標計畫達成時間是否可行、資源是否足夠。而 Z 個案公司既是在這些原則下，不斷檢視每一段短、中時期的目標達成狀況，修正達成方法，朝長期目標實踐。

第三節　穩定成長：獲取內部人心以成就目標

在全球化的商業環境中，面對競爭激烈的產業常態，欲達成設定的目標，組織對外所採取的業務策略成效成功與否，與對內人才資源穩定及能力優劣兩個非常重要的因素緊緊相扣。組織內人才資源品質通常又與好的激勵策略有關，所以領導者在設定檢視企業組織目標實踐成效，與對內所訂定於滿足不同員工需求層次的激勵策略、對外攻略的業務策略，二者有相當程度關聯性。因此，本節即以春秋時代老子思想為主要核心，加以論述現今企業經營中組織激勵策略與業務成長攻略，再以西方管理學理論與研究個案公司案例結合並加以展開探討。

一　達標為目的：訂定以員工為核心之激勵策略

企業在擬定有關員工激勵策略很多時候都聚焦在短期策略上的滿足。回到本質上探究，可以長期有效的激勵策略是必須包含兩個部分的條件。一是出自於領導者在設定目標後開始思考及制定，以員工為核心，滿足照顧員工基本，又提供自我實現的方法；二是創造一個和諧兼具良性砥礪的組織環境。在這兩個條件形成下，再開始結合公司營運目標，組織上需要，訂定激勵策略。首先，無論短期或長期的激勵策略的規劃，本質上就是有其連貫相容的關聯性，領導者應以員工為核心的「同理心」思維來優先出發。這樣的觀點，老子的論述中亦有闡述。《老子》云：

> 聖人無常心，以百姓心為心。善者，吾善之；不善者，吾亦善之；德善。信者，吾信之；不信者，吾亦信之；德信。聖人在天下，歙歙為天下渾其心，百姓皆注其耳目，聖人皆孩之。[51]

老子提到，治理天下的君王是不會執著於自己的想法，而是「無」了自己，以百姓的「需要」也就是「有」放在心上，作為施政中最重要的事。對於領導者友善、不友善的人，信任、不信任的人，領導者發自內心，沒有偏頗的想法，相同善待及信任他。領導者統治天下，要表現得拘謹無為、無知無欲；他行為上的一舉一動，百姓都注視著，也會跟隨。而領導者不會以高的標準要求百姓，是真誠的將他們以小孩般關愛對待。對此，王弼再次詮釋：

> 動常因也。各因其用則善不失也。無棄人也。各用聰明。皆使和而無欲，如嬰兒也。夫天地設位，聖人成能，人謀鬼謀，百姓與能者，能者與之，資者取之，能大則大，資貴則貴，物有其宗，事有其主，如此則可冕疏充目而不懼於欺，黈纊塞耳而無戚於慢，又何為勞一身之聰明，以察百姓之情哉。夫以明察物，物亦競以其明應之，以不信察物，物亦競以其不信應之。夫天下之心，不必同其所應，不敢異則莫肯用其情矣。甚矣，害之大也，莫大於用其明矣，夫在智則人與之訟，在力則人與之爭，智不出於人而立乎訟地，則窮矣。力不出於人而立乎爭地，則危矣。未有能使人無用其智力乎己者也，如此則己以一

51　〔春秋〕老子，〔晉〕王弼注，樓宇烈校釋：《老子王弼注校釋》，頁129。

> 敵人，而人以千萬敵己也。若乃多其法網，煩其刑罰，塞其徑路，攻其幽宅，則萬物失其自然，百姓喪其手足，鳥亂於上，魚亂於下，是以聖人之於天下，歙歙焉，心無所主也，為天下渾心焉，意無所適莫也。無所察焉，百姓何避，無所求焉，百姓何應，無避無應，則莫不用其情矣。人無為舍其所能而為其所不能，舍其所長而為其短，如此，則言者言其所知，行者行其所能，百姓各皆注其耳目焉，吾皆孩之而已。[52]

由上述王弼論述可知，君王欲達成長治久安，真正有效的治理方式是在觀念上，首先必須去善待每一位百姓，清楚知道每位百姓皆有所擅長，讓其各安其位；同時再以百姓想法為中心，專注去解決其問題，滿足他們的需要，並且摒除自己執念，去公平的關心百姓，善待他們，讓百姓願意跟隨。接著，老子再次對於天下百姓抱存友善、不友善，面對信任、不信任的人，領導者應該要如何採取行動對待，老子提出更深一層闡述。《老子》云：

> 善行無轍跡，善言無瑕讁；善數不用籌策；善閉無關楗而不可開，善結無繩約而不可解。是以聖人常善救人，故無棄人；常善救物，故無棄物。是謂襲明。故善人者，不善人之師；不善人者，善人之資。不貴其師，不愛其資，雖智大迷，是謂要妙。[53]

這五種因時順理，自然而行的「常善」是：「善行」：做事懂得化繁為簡，不會留下痕跡及後遺症。「善言」：知道說話得宜，謹慎言詞。就

---

52 〔春秋〕老子，〔晉〕王弼注，樓宇烈校釋：《老子王弼注校釋》，頁129。

53 〔春秋〕老子，〔晉〕王弼注，樓宇烈校釋：《老子王弼注校釋》，頁70。

不會有過失遺漏重點。「善數」：善於安排事物進行，一切了然於心中，就知道不用算盡心機。「善閉」：知道善用專長能力，恰如其分在關鍵時候行事。「善結」：專長於綑綁，知道就是不需要使用繩子，能夠使人無法解開。成就於大事的聖人善於挽救他人，也因此沒有被遺棄之人；成就大事之聖人也善於利用器物，也因此沒有廢棄之物。這也就是因循自然而為的道理。所以，善人可以作為善人效法的老師，不善之人可以作為善人的借鏡。不尊重效法善人教導，不以不善之人為借鏡參考，雖自以為聰明，實為糊塗，這就是精妙深奧的自然之規律法則。而根據上述引申指出，一位君王治理天下是要讓百姓自然的發揮不同「常善」，並將不同天賦的百姓安於擅長之位置。這些能力都是順應自然的道理，萬物在其位置順其自然而行，不創造、不施加影響，利用本身的性質，而不以形態去限制其性能的發揮。王弼再以老子論述，加以詮釋：

> 順自然而行，不造不始，故物得至而無轍跡也。順物之性，不別不析，故無瑕讁可得其門也。因物之數不假形也。因物自然，不設不施，故不用關楗繩約而不可開解也。此五者皆言不造不施，因物之性，不以形制物也。聖人不立形名以檢於物，不造進向以殊棄不肖，輔萬物之自然而不為始，故曰無棄人也。不尚賢能，則民不爭，不貴難得之貨，則民不為盜，不見可欲，則民心不亂。常使民心無欲無惑，則無棄人矣。舉善以師不善，故謂之師矣。資，取也。善人以善齊不善，以善棄不善，故不善人善人之所取也雖有其智，自任其智，不因物，於其道必失。故曰，雖智大迷。[54]

54 〔春秋〕老子，〔晉〕王弼注，樓宇烈校釋：《老子王弼注校釋》，頁70。

王弼引申說道，領導者的作用與價值就是懂得以目標為導向，知道善用不同的資源，讓資源被利用以做到物盡其用。也就是說，一位好的領導者可以將順應自然的道理轉換成待人接物之道。而對於違反常理做事的人，並不會因此鄙棄他，而更要順勢規勸、勉勵、誘導他，同時違反常理者也可給順應自然者作為借鏡。最後，老子再以方法來加以闡釋。《老子》云：

> 我有三寶，持而保之。一曰慈，二曰儉，三曰不敢為天下先。慈故能勇；儉故能廣；不敢為天下先，故能成器長。慈故能勇；儉故能廣；不敢為天下先，故能成器長。今舍慈且勇，舍儉且廣，舍後且先，死矣！夫慈，以戰則勝，以守則固，天將救之，以慈衛之。[55]

老子在此提到，君王要為「慈」基礎根源、體悟「儉」的精神、以「不敢為天下先」的實踐，這三種治理好天下的方法來加以善用它，這樣也才能更成為萬物的領導者。如果要丟去慈愛而要將士表現勇敢，拋棄儉嗇而要表現出大方，捨去謙讓而事事爭先，這就會帶來覆亡。是以柔慈之法則用以攻戰，則必能戰勝，用以防衛就能防守堅固，天要成就領導者，就是以柔慈之法寶來保護之。這三個方法最重要最優先的就是「慈」，公平關懷、無私慈愛，而這可以理解是「無為」，出於此才能讓百姓獲得勇敢自信，以關懷、慈愛為出發去行兼善天下之事，才能夠穩固長久。王弼再以此延伸補充：

> 夫慈，以陳則勝，以守則固，故能勇也。節儉愛費，天下不

55 〔春秋〕老子，〔晉〕王弼注，樓宇烈校釋：《老子王弼注校釋》，頁170。

匱，故能廣也。唯後外其身，為物所歸，然後乃能立，成器為天下利，為物之長也。且，猶取也。相慗而不避於難，故勝也。[56]

「慈」可以理解是「無不為」為目的，「無為」為手段的過程。領導者以無為之法出發才得以而無不為。領導者心中有了關懷、慈愛，知道以天下人之公利為先才能夠勇敢，最後才能很自然成為萬物的領袖。

研究Z個案公司發現，公司所訂定的激勵策略，其實已經隱含最高領導者先對員工的基本照顧考慮。首先，領導者先「換位設想」思考，在要求員工一起全力以赴前，了解到什麼才是員工可能最在意的，所以設想的是先讓員工感受到身心、家庭生活安全基本保障照顧無虞，感受到公司的用心。在此基礎之上，共同一起全力以赴，達成公司每階段訂定的目標。領導者在公司創立初期二〇〇八年，因清楚了解到每一位員工都是家中重要的經濟收入來源貢獻者，「員工健康」是家庭其他成員最安心期盼的大事，「家中平安」，員工也才能安心工作。所以於員工福利政策內，主動提出以下調整：首先是在公司達成不同階段性目標之前提下，提出保障年薪十四個月對員工的基本生活保障；接著增加生日結合健康檢查的假期概念，每一位員工在生日當日必須休假一日，且由公司支付費用進行健康檢查，其意在讓員工了解關心自己健康狀態。也設立家庭急難救助金制度，上限金額二十萬元，可分期無息協商償還，用意在員工個人或家庭發生意外變故時，可以快速獲得援助，度過困難。

此外，再以創造一個和諧兼具良性砥礪的組織環境，訂定員工激勵策略為說明，老子也有這樣闡述。《老子》云：

56〔春秋〕老子，〔晉〕王弼注，樓宇烈校釋：《老子王弼注校釋》，頁170。

> 和大怨，必有餘怨；安可以為善？是以聖人執左契，而不責於人。有德司契，無德司徹。天道無親，常與善人。[57]

老子以聖人持有「契券」之行為，來說明「有德」與「無德」如何化解衝突。調和化解大的過節，必會留下些許的殘餘怨恨。要如何妥善處理這些餘怨呢？聖人保存借據的債權存根，卻不會以此去強迫催討債務。「有德」之人學習聖人一般，「無德」之人就像是管理收稅之人般嚴厲苛刻去收取稅賦。自然規律中，對任何人、任何行為都是公平的，並不會有所偏愛，只因為它是與「有德」之人在同一道理上。在此引申說道，君王致力於創造一個公平和諧的制度，唯有這樣國家治理環境才不會引起百姓之間不必要的爭奪怨恨，和負面競爭。他不會偏愛任何一方，主要目的就是在於營造一個公平並且使百姓可以一起努力的環境而已。王弼則說：

> 不明理其契以致大怨已至而德和之，其傷不復，故有餘怨也。左契防怨之所由生也。有德之人念思其契，不念怨生而後責於人也。徹，司人之過也。[58]

王弼再加以補充，領導者的「德」也就是無私的心，這樣才能化解怨恨，調和平復百姓之間的關係。對此，老子又有了更深的闡述。《老子》又云：

> 為無為，事無事，味無味。大小多少，報怨以德。[59]

---

57 〔春秋〕老子，〔晉〕王弼注，樓宇烈校釋：《老子王弼注校釋》，頁188。
58 〔春秋〕老子，〔晉〕王弼注，樓宇烈校釋：《老子王弼注校釋》，頁188。
59 〔春秋〕老子，〔晉〕王弼注，樓宇烈校釋：《老子王弼注校釋》，頁164。

老子指出，持「無為」的心態而展開作為，不以造作事端的方法去處理事務，以無味的心境去品味滋味。無論有怨恨大小多少如何，都要以「德」來化解怨恨。一位作為治理天下的君王不加入自己主觀意念，而要以無私寬容之心，很自然方式去達成目標，百姓就會很自然的不會糾結在人與人的比較，而是在這制度下為目標去努力。王弼也說：

> 以無為為居，以不言為教，以恬淡為味，治之極也。小怨則不足以報，大怨則天下之所欲誅，順天下之所同者，德也。[60]

要以無為的方式自處，以不說為教誨，以恬淡無味而滿足，是為領導者治理的最高境界。王邦雄也提到：「『怨』起於在位者得有心有為，有大小多少的執著與分別，便會帶出大小的比較心，與多少的得失心。你大我小，你多我少，就算親如兄弟，心中也會滋生不平的『怨』。若不知『報怨以德』，以無心天真來化解，而聽任『怨』積緊而成了『大怨』再求和解，則為時已晚，因為餘怨猶在，裂痕已深，而心中有憾。」[61]

因此若上位者始終懷有私心而執政，則必然無法使天下和平。張忠謀先生談及台積電的績效考核制度時曾說過：「許多企業績效考核制度流於形式或不是很成功的原因，往往是將重點放在考核制度的方法上，這是本末倒置的行為。建立考核的本質不是在對過去行為給予評鑑，而是在於培育及形塑員工能力。」[62]這句話真正的意義是，從領導者做起，首先必須意識到公平對待組織中每位成員是重要的；這意謂著，領導者發自於真誠，有誠意來對待每一位成員，不會偏頗。

---

60 〔春秋〕老子，〔晉〕王弼注，樓宇烈校釋：《老子王弼注校釋》，頁164。

61 王邦雄：《道——老子道德經的現代解讀》，頁357。

62 商業周刊：《器識》，頁196。

再者，開始建構組織內良性的學習競爭環境；這意謂著，為了達成組織目標，領導者或主管會根據組織內成員不同專長，給予有建設性的意見。進而刺激組織成員可以在不同位置上為組織成長提供有效建議，進而造成組織內良性的學習及競爭，達到培育員工，形塑員工能力的效果，最後得以實踐目標。

研究 Z 個案公司，在觀察設計績效考核制度有以下幾個特性。其一，在考核制度設計本質上，領導者清楚知道，必須因時因勢根據不同階段，彈性調整，增減考核評鑑內容及項目，並於考核建議欄位中，引導成員提供正面表列意見及建議，不僵固不變。其二是，領導者知道，在組織內要落實公平及真實考核的機制，必須釋權而且由下而上及平行階級互評同為考核的一部分。在 Z 個案公司考核機制中，最高領導者考核權僅占比百分之二十，第二階部門主管下評及被考評者上評占比百分之六十，最後在同階級互評占比百分之二十。藉由這樣的考核機制，強化在組織內運行的公平性，同時為組織發掘可培育之人才，盡可能適才適所讓成員發揮潛能，共同達成組織目標。另外，在訂定有效的激勵策略方面，Z 個案公司所採行的策略為一種混合型的激勵策略。其參考來自於：其一，是由洛克（Edwin A. Locke）在一九六八年所提出之《Goal-setting Theory》目標設定理論。在理論中認為，組織成員的行為是可以透過一種外在有清楚方向、明確意圖設定的引導來達成特定目的。[63]其二，是由德西與萊恩（Deci & Ryan）在一九七五年提出的《認知評價論》，又稱為「內在激勵理論」，其核心概念係指出，使一個人在從事認為有趣並願意投入的事物中，得到一種控制事物及成就感。[64]

---

63 Edwin A. Locke: *Goal-setting Theory*, Maryland, University of Maryland (1968):157-189.

64 摘引陸洛、高旭繁：《組織行為：以人為本．優化管理》，頁159。

研究Z個案公司，除了在前章以《馬斯洛．需求理論》論述中清楚提及，老子學說不僅在生存層次上滿足保障了員工基本生理及安全需求，而其精神被引申延展涵蓋員工發揮天賦潛能實踐抱負的舞臺，令其可以滿足自我實現層次理想，達到公司營運目標。從另一方面觀察之，老子學說更是開闊與包融了西方目標設定理論及一個可以催化內在價值認同及發揮潛能的內在激勵理論，滿足員工社交與尊重及自我實現之需求。而王弼論述則奠基於老子道家思想上，包含了個人目標、外在功名之實踐，這也延伸說明滿足員工對這四種層次需要。如圖4-1。

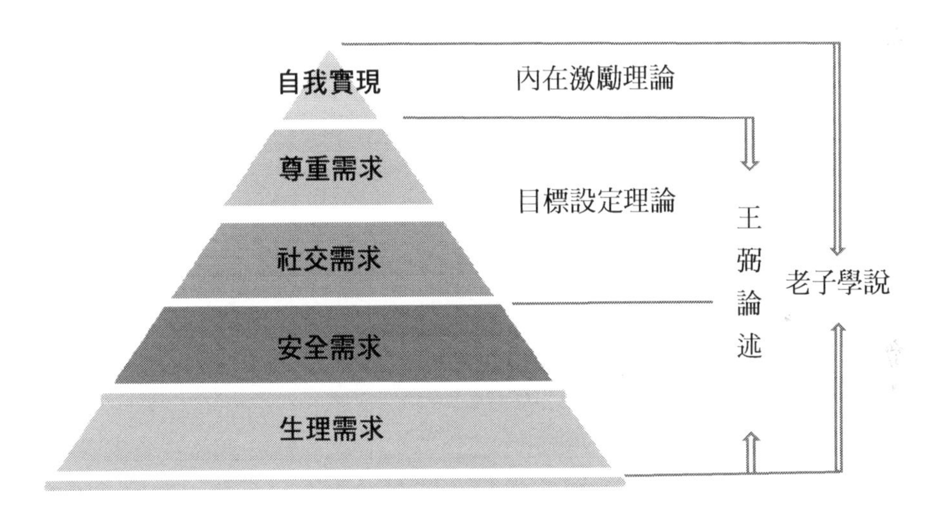

圖4-1　馬斯洛需求理論與激勵策略關係

本圖係由研究者整合前章說明《馬斯洛．需求理論》與《老子》、王弼論述引申、《目標設定論》、《內在激勵理論》關係比較

所以，觀察其組織制度設計，其採取了以個人才能發揮專業型態的功能性架構。依型態的不同，使願意接受高業務目標挑戰及腦力設計開發還有高度責任承擔的管理專才得以分流至適合的部門或管理職

位，並且制定設計高額激勵獎金或其他股權及紅利分配機制，共同為公司營運成長付出努力。

由上關係圖更可以進一步闡述，西漢初統治者所施行之「黃老治術」與今時企業經營廣泛應用之西方管理學《目標設定論》皆因時勢之需要，奠基於《老子》學說所延伸開展，而這也與王弼引申論述既以《老子》學說為實踐個人外在價值需要為核心，並涵蓋了生理、安全與社交、尊重四種需要。另一方面，在現代企業經營為達到更高層次目標及效能更是強調「人」的潛能啟動實踐，而西方管理學所多採用之《內在激勵理論》既滿足「人」自我實現的內在渴望需要，雖然與《老子》學說所強調人的精神層次應該去除削減外在欲望之追求「寡欲」、「無欲」以達自我實現，也就是「無為」之論述看似有其相異路徑之處，卻在後「因時」、「因勢」今時企業經營環境延展出「無不為」自我實現新路徑。

二　成長之進路：擬訂不爭為贏之業務擴展策略

在競爭激烈商業環境中，好的企業欲擴張企業規模版圖在評估其營運成長的有效方略時，皆建立在自身不同於競爭者的重要核心能耐，也就是與競者差異化程度或稱企業關鍵資源，而避開與競爭者的長期正面交鋒。一位好的領導者在企業經營中清楚知道，長時間與競爭者無差異化交戰的結果，必削弱其企業競爭力；因此，企業營運在業務成長攻略的定訂思維，皆不會是以強取為首要策略，而是以柔弱保存為最高之攻略。針對此說，在春秋時代老子的觀點中有相似論述。《老子》云：

以道佐人主者，不以兵強天下。其事好還。師之所處，荊棘生

> 焉。大軍之後，必有凶年。善有果而已，不敢以取強。果而勿矜，果而勿伐，果而勿驕。果而不得已，果而勿強。[65]

老子在此說明中，用自然無為方式來協助領導者，而不要以強取的方式來得到天下或利益，因為用這種方式得到天下，也必然遭致競爭者以相同方式回報，並不是好的方法，無法長期保存戰果。更要知道，勝利了不要狂妄、去誇耀、外顯驕傲，因為取勝也是一種不得已手段。再者，王弼也詮釋：

> 以道佐人主，尚不可以兵強於天下，況人主躬於道者乎。為始者務欲立功生事，而有道者務欲還反無為，故云，其事好還也。言師凶害之物也。無有所濟，必有所傷，賊害人民，殘荒田畝，故曰荊棘生焉。果，猶濟也。言善用師者，趣以濟難而已矣，不以兵力取強於天下也。吾不以師道為尚，不得已而用，何矜驕之有也。言用兵雖趣功，果濟難，然時故不得已當復用者，但當以除暴亂，不遂用果以為強也。[66]

王弼補充對老子的闡述得知，使用強取的方式獲取欲得結果，短期看似氣勢凌人，卻開始走向衰弱，這樣是不符合自然生存法則的。《老子》又云：

> 勇於敢則殺，勇於不敢則活。此兩者，或利或害。天之所惡，孰知其故？是以聖人猶難之。天之道，不爭而善勝，不言而善

65　〔春秋〕老子，〔晉〕王弼注，樓宇烈校釋：《老子王弼注校釋》，頁78。

66　〔春秋〕老子，〔晉〕王弼注，樓宇烈校釋：《老子王弼注校釋》，頁78。

> 應，不召而自來，繟然而善謀。[67]

老子以自然中「勇敢」與「不敢」之表現如何不致召來災禍而闡述處世之道：勇敢妄動就容易招來殺身之禍，而懂得不妄動就可以保全生命。「勇敢」是有害的，而「不敢」反而是有利的。天理所厭惡的，究竟是什麼，聖人也很難清楚明白。自然的規律是，不與爭鬥而擅於取勝，不必多說而擅於應對進退，不必召喚而自動前來，寬容而擅於計畫安排。對於上述再加以說明，「勇敢」表現於「剛強」、「柔弱」之道。「勇敢」很清楚對於剛強是有害的，「不會敢」之「無為」表現柔弱則是有利的。究竟為何會如此呢？領導者只能以實踐才能明白天的自然法則就是不強加它的意志在萬物運行之上。王弼則加以詮釋說：

> 必不得其死也。必齊命也。俱勇而所施者異，利害不同，故曰，或利或害也。孰，誰也。言誰能知天下之所惡，意故邪，其唯聖人，夫聖人之明，猶難於勇敢，況無聖人之明而欲行之也，故曰，猶難之也。天唯不爭，故天下莫能與之爭。順則吉，逆則凶，不言而善應也。處下則物自歸。垂象而見吉凶，先事而設誡，安而不忘危，未召而謀之，故曰，繟然而善謀也。[68]

由王弼的補充可見，柔弱不爭才是保存之道，這也是自然運行規則，在建構社會行為的準則亦是依循此運作，就是真正的「勇敢」，也才能會趨於吉，避於凶。為什麼柔弱才是符合自然知道，接著老子再加以補充。《老子》云：

67 〔春秋〕老子，〔晉〕王弼注，樓宇烈校釋：《老子王弼注校釋》，頁181。
68 〔春秋〕老子，〔晉〕王弼注，樓宇烈校釋：《老子王弼注校釋》，頁181。

> 人之生也柔弱，其死也堅強。萬物草木之生也柔脆，其死也枯槁。故堅強者死之徒，柔弱者生之徒。是以兵強則不勝，木強則共。強大處下，柔弱處上。[69]

人在活著有活動力時身體是柔軟的，沒有生命後身體就變得僵硬了。萬物草木的生與死也是如此。因此，自然法則中，堅強的東西是歸屬於死亡，柔弱是趨於生存的，以強大軍力而強取贏得戰爭是無法真正取勝，樹木粗壯剛直了就會遭致砍伐折斷。自然中，強大本質上是要居於低處下位，柔弱卻代表著是一種保存而向上的優勢。王弼加以衍生說明：「強兵以暴於天下者，物之所惡也，故必不得勝。物所加也。木之本也。枝條是也。」[70]因為強盛的軍隊是以急劇、猛烈的方式行於天下，被萬物所憎惡，所以必然無法取得勝利。最後，老子以「水」的性質說明，自然法則中最好的成長策略是「柔弱」勝剛強的道理。《老子》云：

> 天下莫柔弱於水，而攻堅強者莫之能勝，其無以易之。弱之勝強，柔之勝剛，天下莫不知，莫能行。[71]

老子認為，領導者要學習「水」的特性。自然法則中沒有比水更柔弱的了，它可以攻克任何堅強的物質，沒有任何物質可以代替它。在自然的規律中，弱戰勝強，柔亦能克剛，天下人皆知道這個自然法則，可是卻沒有人做得到。在社會制度下，一般理解皆以看得見外在呈現物質狀態定論強大取勝；然而以自然運行真正的道理卻是，弱能夠勝

---

69 〔春秋〕老子，〔晉〕王弼注，樓宇烈校釋：《老子王弼注校釋》，頁185。

70 〔春秋〕老子，〔晉〕王弼注，樓宇烈校釋：《老子王弼注校釋》，頁185。

71 〔春秋〕老子，〔晉〕王弼注，樓宇烈校釋：《老子王弼注校釋》，頁187。

強，柔能夠克剛。而王弼對此再以解釋：「以，用也。其謂水也，言用水之柔弱無物，可以易之也。」[72]這清楚的補充引申老子所闡述的意義，水代表著無，它的特性展現在任何堅硬之物上的應用，而無法替代。近代的企業經營在營運成長策略的一般思維，皆是以市場版圖擴張、規模成長來論定，用這樣的方式占有市場不一定代表企業具有支持其長期競爭力的核心能耐。近代西方學者沃納菲爾特（Wernerfelt, B.）在一九八四年提出有關於以企業建立於核心能耐基礎理論，主要闡明了企業營運目標應由內而外佈局長期成長策略，其論述重點在於：「應建立在有關的核心能耐或關鍵資源上，而非聚焦於產品，進行擴大延伸。」[73]

研究 Z 個案公司的業務成長策略發現，其領導者經營市場，做好客戶服務兩者之間的重要領悟及心得就是「取捨」。簡單而關鍵的說明即是，經營市場 Z 個案公司著眼的是長期聚焦在市場變化與公司內部核心能力連結建立並產生成效；而在客戶服務部分，透過既有客戶需要，檢視且不用盡公司資源，不以競爭者同攻取客戶占有率、拚奪規模大小為優先考量。Z 個案公司總是選擇備位退居第二，以「客戶最佳救火隊」的角色自居，做好服務為優先策略。

歷經千年的時空環境轉換，由上述考察現今全球的商業領域，無論是典範企業位居領航地位的致勝關鍵策略，還是與研究 Z 個案公司領導者在企業管理所建構的組織力，其實都取決於三個重要架構：組織架構、組織管理、組織能耐及組設定組織的目標。最後再以領導者建構於對內組織中如何以真誠關愛員工出發，並建立和諧良性競爭組織之上，以此訂定有效的激勵策略。對外以企業核心能耐為主要擴展

72 〔春秋〕老子，〔晉〕王弼注，樓宇烈校釋：《老子王弼注校釋》，頁187。

73 Wernerfelt, B: A Resource Based View of the Firm. Strategic ManagementJournal, 5 (1984) 171-180.

基礎，不以競逐規模大小為考量，不強取非能耐呈現的市場與競爭者正面交鋒，這些相對應於春秋時代老子所提之論述皆有極高適切程度。唯於現今政經情勢變化的快速，大國競合局勢更加複雜，因此，領導者在企業經營在管理上往往必須動靜有法，使組織力及成長策略保持彈性，不斷淬煉，才能長期立足於詭譎多變的商業環境中。

第五章
結論

領導與管理模式源起於人類歷史進程中，是以滿足基本溫飽與解決生存為目的之行為。然而其因應每個時代背景需要，而呈現不同型態的應用。中國春秋時代晚期，各諸侯為求國家生存，在領導統御治術，採行各家不同學說思想，相互競爭。《老子》思想即是在這時代下的哲學思想產物。流傳至今時歷經千年，皆不斷有新的詮釋及觀點而延伸運用於各領域領導與管理之中。本論文就考察《老子》思想於治術上之應用，在現今企業之個案中，運用於領導與管理的具體情形，進行主要研究。經本論文之探討，現今企業經營領導者透過「領導力」、「組織力」之路徑呈現，結論有二。

一　「領導力，有與無生生不息」：領導者藏蘊於內之心法

老子於政治上主張治國採行的最佳策略是「無為而治」的觀念，轉化應用於現代企業經營上，即企業經營領導者不需將己之主觀意識強加於員工且干預其行為，也就是老子形而上「無為」思想的延展。另一方面，宜採老子核心思想論述「順應自然」之勢使員工適性依潛能順勢發展，依此思想延伸之策略，也就是達到「無不為」。在此延伸於現代企業經營的體現之下，領導者所形塑的領導力可歸納成三要件。分為：一、領導思維：一個領導者重要的領導思維有三，其一是為超越二分法的包容性思維。再次者為，「知足節制」與「少私寡

欲」。二、領導修練：一個企業領導者邁向卓越領導前，首先必由「反省」出發。再者，領導者要時時自我覺察，去除心中存有的「頑固偏執」、「自以為是」、「誇耀攬功」、「驕傲自大」四種不好的習性。而在心性修練過程，除外在行為上的謙虛外，更重要的是達到內在心靈安定的狀態。三、領導風格：老子所論述之「無為而治」領導觀念在實踐於今時企業經營及個案研究中發現，在建構趨於一致「價值觀」下，企業經營於「穩定時期」中，領導者以不干預及賦權成員發揮其潛能之放任型領導風格，可以得到更好經營績效。

一個企業經營領導者是以透過訂定及完成願景目標來體現其價值觀。而經營績效良好之企業領導者都會有貫通企業內外與社會連結的核心價值。探討本論文個案公司實務中觀察到，企業經營在對內部分，照顧員工之福利政策部分除了涵蓋與體現了與老子提及「以民之需要為優先」的核心價值相適，也與西方需求層次理論中，所論述生理、安全兩項需求層次相符合。另一路徑觀察，Z 個案公司基於考量外在競爭激烈的商業環境快速變化下，更是提供滿足定位不同員工、需求內容層次不同之員工發展政策，以利公司營運成長。企業經營在對外部分，是以解決社會問題、承擔企業社會責任為目標：這也是企業存在的根本意義。由 Z 個案公司在實踐過程中更是清楚說明，企業在營利並照顧員工後最關鍵的企業社會責任是，承擔不要讓社會出現問題作為兼善天下的核心價值，而非在社會出現問題時去消極解決問題。在另一方面，以老子所闡述之論述延伸至企業經營可以觀察到，越是沒有私心的領導者，越是能夠透過「利他」的在精神上體悟得到「利人利己」心靈富足的滿足。在現今最新「企業社會責任」解釋清楚說明企業營運獲利對內照顧員工、回饋股東利益的同時，不能迴避並要承擔對外社會和自然環境的社會責任，這包括遵守商業道德規範、生產安全規則、職業健康條約、保護勞動者的合法權益、有效率節約資源等。這明確指引出企業必須走向一條實踐「公益即私利」的道路，更是人類文明進步的象徵。

現今企業領導者在經營企業過程中，須對整體經營成果負起最終責任。而在承擔責任必先歷經淬鍊而授予權力。企業經營常採用西方對於權力的五種定義中，其中以表率權之定義與老子所提論述可以相互印證。表率權：是由於個人具有天賦異稟，或者作風、學識，受到群體中多數人的尊敬和讚揚，進而願意信服他為領導者，跟隨與服從他，簡而敘之，就是「以身作則」。其他四種基礎權力為：法定權、強制權、獎賞權、專長權。西方對於權力的使用對照老子思想，雖然因時代環境變化不同，在經營管理上需彈性調整，但在本質精神上仍有貼切圍繞著以老子思想為最好的「以身作則」表率權，效法自然的權力是善用法則。好的領導者除了善用權力，也要懂得誠信，「誠信」是人與人往來之中最重要價值觀，延伸於今時企業經營，由世界知名企業台積電及 Z 個案公司領導者將「誠信」融入於營運活動中由此證之，企業領導者看似無事，不輕言承諾，一旦謹慎後承諾必重視實踐所說的每一句話，這就是符合老子所提及最高明的領導者。

二　「組織力，有與無相輔相成」：領導者落實策略之核心

老子形而下「無不為」之思想在現今經營管理策略上引申應用相當廣泛，本研究首先以半導體領域世界知名典範企業台積電為考察個案：歸納整理其位居全球晶圓代工領域領先地位之策略與老子思想在今時延伸應用有相適切之處作為結論論述。老子「無」、「有」與道家「無用」、「有用」思想闡述，經過不斷詮釋轉化延伸應用於今時，在台積電首先應用於「晶圓代工」商業模式中發揮成效。這即是指將晶

片設計業者「創意」，轉化由「生產」製造具象出實物產品過程。台積電透過垂直分工，建立了一個高技術門檻，完整產業供應鏈型態。再者，圍繞其核心交互循環應用之策略有四部分，其一，「尊客為上」：居於低處的高服務力。台積電看似強大、卻以柔軟身段面對客戶的行為處事。老子認為崇高的道德如流水般，應用於客戶關係管理上有兩個深層意義。一是以須用同理心設身處地為客戶著想。二是運用優勢，將自己特有專長應用於服務中。其二，「勿與敵爭」：低調潛行的經營風格。台積電身為全球晶圓代工及臺灣科技產業的先驅，始終維持低調穩重的風範，即使經常受到競爭對手三星的挑釁，也會反其道而行，將其視為可敬可畏的對手奮力前行。其三，「戮力以赴」：精益求新的創新思維。台積電為半導體產業目前投資於先進製程研發創新上最大最多的單一公司，然其始終領先於客戶需要，不斷佈局於未來。這創新的企業文化正是源於能夠更新自己的心態及逆向思維的態度。最後為共榮共好、包容並蓄的策略聯盟。台積電牽動了全球政經局勢的變化，為維繫其企業競爭力與地位，整合資源是重要的課題。一千三百多家關鍵廠商形成「台積電大聯盟」，一方面須誠順於所訂定管理機制運作，另一方面，它提供資源協助廠商自我優化。由上可見，老子哲學思想於企業經營之上的全新詮釋，更延伸融入在全球化商業環境運用於競爭策略中，使其居於產業龍頭地位。

於今時企業經營中，本論文研究以老子治理之術為借鑑，透過管理策略考察「組織力」組合三要件與交織而成的企業組織願景：其一，在組織架構：老子所闡述萬物創生的歷程，引申於企業領導者必須以市場與客戶需要建立調整「循序而進」的組織架構。同時在不斷追求成長中也必須不斷檢視其架構是否持續保持簡單。考察個案公司之組織架構正是契合於西方管理學所普遍採用五種組織架構理論中之簡單型與功能型組織，張忠謀先生對台積電的組織管理架構說明也是如此。除上述兩型組織結構外，一般企業皆會搭配其他不同型態組織結構以符合多變的市場環境。其二，組織管理：「因循為用」的治理法則。西方企業經營「全員共治」的新管理方式，考察個案公司僅適用於公司新創部門。新創部門需高度的創意開發，而員工在理解公司文化價值下，遵守「自主管理」規範，由各成員一展長才，這種運作方式趨近於老子的「無為而治」。其三，組織能耐：「逆向思考」的創新本領。企業除建立「更新自己」與「逆向思維」的能力外，在組織內打造一個「學習型」的組織制度，使組織成員透過有制度、有目標、有紀律的持續學習，並配合獨立思考的養成來建立屬於組織的能耐。最後在組織目標：「按部就班」的躬行實踐。企業透過不同階段的目標訂定與實踐，而張忠謀先生也闡述了企業訂定願景及實踐的重要性。在企業經營過程中，領導者所領導及設定的是公司長期目標，成功與否的關鍵在於，組織全員對於實現長期目標所訂定的中、短期計畫的認同與努力。

在全球競爭激烈的環境中，若企業經營策略欲達成目標，組織對外的業務策略與對內的人才管理皆極為重要。如《老子》中所延伸引述領導者真誠善待員工，員工自然會跟隨之。企業穩定成長的策略，以獲取內部人心最為關鍵。而獲取人心更與好的激勵策略息息相關。所以領導者在規劃組織目標時，需滿足不同員工需求層次的激勵策略，主要包含兩個條件：一是，領導者在設定目標後需以員工為核心，照顧員工基本需求又提供自我實現的方法。二是，創造和諧又良性砥礪的組織環境。在另一層面，一個好的企業若要穩定成長，在向外開拓企業版圖時，宜避開與競爭者的長期正面交鋒。考察個案公司之業務策略思維常不以強取為先，而是策略性退居於次的以柔克剛應用，這也才是個案公司的生存之道。領導者應具虛懷若谷的控制力及盱衡全局的前瞻力，才能使企業長期立足及適應於詭譎多變的商業環境中。

在探討老子思想其轉化並於政治上應用後，歸納總結上述於在個案企業經營的實踐體現，提出不同時代因時因勢變化下相適切與差異性之觀點，藉以在西方管理學之不同視角外與世界典範企業之實務應用，本研究企業個案之實踐，提供企業經營領導者於管理實務上另一有效參考路徑。

最後，本論文以老子思想於 Z 個案公司實踐方式為探討基礎，觀其得知經營績效可看出體現之良好成績，亦在競爭激烈之半導體商業市場中適於生存。然而在本文所探討 Z 個案企業並未將儒、法家及其他思想融入於其中與老子思想在加以進一步探討，後人則可以奠基在此論文基礎之上，再加以延伸研究論述。

引徵書目

一　古籍專書

〔春秋〕佚名，錢宗武、江灝、周秉鈞校釋：《尚書》，臺北：臺灣古籍出版社，1996年。

〔春秋〕老子撰，〔晉〕王弼注，樓宇烈校釋：《老子王弼注校釋》，臺北：華正書局，1983年。

〔戰國〕佚名，陳鼓應注：《黃帝四經今注今譯》，北京：商務印書館，2007年。

〔戰國〕管子撰，國立編譯館主編：《管子》，臺北：鼎文書局，2002年。

〔戰國〕韓非子撰，陳啟天編：《韓非子校釋》，北京：中華書局，1996年。

〔西漢〕司馬遷：《史記》，北京：中華書局，1959年。

二　近人專著

（一）中文

丁原明：《黃老學論綱》，濟南：山東大學出版社，1997年。

王邦雄：《道——老子道德經的現代解讀》，臺北：遠流出版公司，2010年。

王邦雄、陳德和著：《老莊與人生》，臺北：國立空中大學，2007年。

周道濟：《秦漢政治制度研究》，臺北：臺灣商務印書館，1968年。
姚惠珍：《孤隱的王者：台塑守護之神王永在》，臺北：時報文化，2015年。
梁啟超：《先秦政治思想史》，上海：商務印書館，1923年。
張忠謀：《張忠謀自傳上》第四版，臺北：天下文化，2021年。
張潤書編譯：《組織行為與管理》，臺北：五南圖書出版公司，1985年。
許倬雲：《西周史》，臺北：聯經出版事業公司，2020年。
許書揚：《CEO 最在乎的事：職場倫理與工作態度》，臺北：天下雜誌社，2013年。
陳鼓應：《老莊新論》，臺北：五南圖書出版公司，1993年。
陳清祥：《公司治理的十堂必修課：一次看懂董事會如何為公司把關、興利、創造價值》，臺北：經濟日報社，2019年。
陳麗桂：《漢代道家思想》，臺北：五南圖書出版公司，2013年。
商業周刊：《沒有唯一，哪來第一》，臺北：商業周刊，2015年。
商業周刊：《器識》，臺北：商業周刊，2018年。
勞思光：《新編中國哲學史》，臺北：三民書局，2020年。
陸洛、高旭繁：《組織行為：以人為本．優化管理》，臺北：前程文化，2015年。
曾仕強：《中國管理哲學》，臺北：東大出版社，1981年。
湯明哲、李吉仁、黃崇興：《管理相對論》，臺北：商業周刊，2014年。
榮泰森：《策略管理學》，臺北：華泰文化出版社，1992年。
趙建華、劉建平：《領導藝術的修練》，臺北：崧燁文化，2018年。
鄭紹成：《企業管理──全球導向運作》，臺北：前程文化出版社，2006年。
〔日〕山上ななえ著，張瑜芝譯：《奧客也無可挑剔的服務絕學》，臺北：臺灣東販出版社，2016年。

〔日〕稻盛和夫著，吳乃慧譯：《心。人生皆為自心映照》，臺北：天下雜誌，2020年。

〔日〕稻盛和夫：《心法之肆：提高心性拓展經營》，北京：東方出版社，2016年。

〔日〕清水榮司著，高宜汝譯：《怕生，其實是優勢》，臺北：方智出版社，2018年。

〔美〕馬斯洛著（Abraham Harold Maslow），梁永安編譯：《動機與人格：馬斯洛的心理學講堂》，臺北：商業周刊，2020年。

〔美〕羅伯森著（Brian J. Robertson），張正苓、胡玉城編譯：《無主管公司》，臺北：三采文化，2016年。

〔美〕施洛德·索勒尼耶著（Deborah Schroeder-Saulnier）：《跳脫只能二選一的矛盾思考法》，臺北：商業周刊，2015年。

〔美〕崔瑞德（Denis Twitchett）等人編著：《劍橋中國秦漢史》，北京：中國社會科學出版社，1992年。

〔美〕施密特（Eric Schmidt）、羅森伯格（Jonathan Rosenberg）、伊格爾（Alan Eagle）著，許恬寧譯：《教練》，臺北：天下雜誌，2020年。

〔美〕拉斯韋爾著（Harold Dwight Lasswell），劉海龍編譯：《社會傳播的結構與功能》，北京：傳媒大學出版社，2013年。

〔美〕杭特著（James C. Hunter），張沛文譯：《僕人：修道院啟示錄》，臺北：商業周刊，2010年。

〔美〕柯林斯著（Jim Collins），齊若蘭譯：《從A到A^{+}》，臺北：遠流出版公司，2002年。

〔美〕勒溫著（Kurt Lewin）：《人格的動力理論》，北京：中國傳媒大學出版社，2018年。

〔美〕科克雷爾著（Lee Cockerell）：《落實常識就能帶人》，臺北：商業周刊，2017年。

〔美〕格林里夫著（Robert K. Hunter），胡愈寧、周慧貞譯：《僕人領導學》，臺北：啟示出版社，2018年。

〔美〕切斯納著（Robert Chesnut）：《Airbnb 改變商業模式的關鍵誠信課》，臺北：商業周刊，2021年。

〔美〕Stanley E. Fawcett、Lisa M. Ellram、Jeffrey A. Ogden，梅明德編譯：《供應鏈管理：從願景到實現：策略與流程觀點》，臺北：臺灣培生教育，2015年。

〔英〕庫區（Richard Koch）、戈登（Ian Godden）著，劉清彥編譯：《沒有管理的管理》，臺北：晨星出版社，1998年9月。

〔奧〕佛瑞蒙德·馬利克（Fredmund Malik）著，李芳齡、許玉意譯：《管理的本質》，臺北：天下雜誌，2019年11月。

（二）英文

Edwin A., Locke, *Goal-Setting Theory.* Maryland, University of Maryland, 1968.

John, French, & Bertram, Raven, *The Bases of Social Power*. Michigan, Michigan State University, 1959.

Wernerfelt, B, *Resource Based View of the Firm.* Strategic Management Journal, 1984.

三　期刊暨學位論文

（一）期刊論文

白　奚：〈郭店儒簡與戰國黃老思想〉，《道家文化研究》第17輯（1999年8月），頁440-454。

林安梧：〈道家思想與現代管理──以老子《道德經》為核心省察〉，《宗教哲學》第5卷第1期（1999年1月），頁97-108。

陳右勳：〈老子道的管理觀〉，《中華技術學院學報》第26期（2003年4月），頁288-309。

馮滬祥：〈老子管理哲學及其現代應用〉，《國立中央大學人文學報》第15期（1997年6月），頁123-169。

廖書賢：〈由道到術──西漢黃老政治之演變〉，《育達科大學報》第44期（2017年4月），頁55-76。

劉笑敢：〈老子自然──與無為──古典意涵與現代意義〉，《中國文哲研究集刊》第1期（1997年3月），頁25-58。

（二）學位論文

林超群：《老子哲學思想在企業管理策略之應用》，臺北：玄奘大學中國語文學系博士論文，2013年6月。

蕭振聲：《道家的行動哲學：以「因」概念為主之探究》，香港：香港科技大學人文社會科學學院人文學部博士論文，2012年6月。

曾國強：《高科技設備服務業者之成長策略──案例分析》，臺中：中興大學管理學院碩士在職專班學位論文，2017年6月。

張景朗：《老子的經營管理意涵研究》，臺北：華梵大學哲學系碩士論文，2005年12月。

張淑敏：《應用老子《道德經》於職場倫理：以C公司為實證研究》，桃園：開南大學觀光運輸學研究所碩士論文，2013年5月。

黃群方：《老子領導思維與企業變革管理》，臺北：華梵大學哲學系碩士論文，2003年5月。

羅烈鑾：《老子思想如何應用於現代管理之研究》，臺北：華梵大學東方人文思想研究所碩士論文，2008年11月。

四　網路資料

臺灣證券櫃檯買賣中心：企業社會責任定義 https://www.tpex.org.tw/web/csr/content/introduction.php

文化生活叢書・人文商管　1305004

老子思想於企業高階經理人領導與管理實務應用之個案研究

作　　者　曾國強
責任編輯　呂玉姍
特約校稿　林秋芬
封面設計　呂玉姍

發 行 人　林慶彰
總 經 理　梁錦興
總 編 輯　張晏瑞
編 輯 所　萬卷樓圖書股份有限公司
　臺北市羅斯福路二段 41 號 6 樓之 3
　電話 (02)23216565
　傳真 (02)23218698

發　　行　萬卷樓圖書股份有限公司
　臺北市羅斯福路二段 41 號 6 樓之 3
　電話 (02)23216565
　傳真 (02)23218698
　電郵 SERVICE@WANJUAN.COM.TW
香港經銷　香港聯合書刊物流有限公司
　電話 (852)21502100
　傳真 (852)23560735

ISBN 978-986-478-788-3
2022 年 12 月初版
定價：新臺幣 300 元

如何購買本書：
1. 劃撥購書，請透過以下郵政劃撥帳號：
　帳號：15624015
　戶名：萬卷樓圖書股份有限公司
2. 轉帳購書，請透過以下帳戶
　合作金庫銀行　古亭分行
　戶名：萬卷樓圖書股份有限公司
　帳號：0877717092596
3. 網路購書，請透過萬卷樓網站
　網址　WWW.WANJUAN.COM.TW
大量購書，請直接聯繫我們，將有專人為您服務。客服：(02)23216565　分機 610
如有缺頁、破損或裝訂錯誤，請寄回更換

國家圖書館出版品預行編目資料

老子思想於企業高階經理人領導與管理實務應用之個案研究/曾國強著. -- 初版. -- 臺北市：萬卷樓圖書股份有限公司, 2022.12
　面；　公分. -- (文化生活叢書. 人文商管；1305004)
ISBN 978-986-478-788-3(平裝)
1.CST: 老子 2.CST: 研究考訂 3.CST: 企業領導 4.CST: 企業經營
494　　111019657